Wicked Bugs

邪惡な虫
Wicked Bugs

ナポレオンの部隊壊滅！虫たちの悪魔的犯行

エイミー・スチュワート
監訳 山形浩生／訳 守岡桜

朝日出版社

Copyright © 2011 by Amy Stewart.

Japanese translation rights arranged with
Algonquin Books of Chapel Hill, a division of Workman Publishing Co, Inc.
through Japan UNI Agency, Inc., Tokyo.

PSBに捧げる

011	注意：多勢に無勢
019	アフリカンバットバグ
022	そんな彼女なら捨てちゃえば？
027	オオスズメバチ
033	ブラジルサシガメ
037	戦争の虫
043	トコジラミ（ナンキンムシ）
049	ヌカカ
053	ブユ（ブヨ）
059	クロゴケグモ
063	毛虫
069	ボンバルディアビートル
073	ドクシボグモ
076	サソリののろい
081	クサギカメムシ
085	ドクイトグモ
089	ツツガムシ
093	スナノミ
096	心配無用
101	チャバネゴキブリ
107	コロラドハムシ
110	園芸家のダーティーダズン
119	コーンルートワーム

123　シバンムシ
126　本の虫
133　クロアシマダニ
137　フタスジイエバエ
141　身の内に潜りこんで
147　イエシロアリ
151　アリの行進
159　ペルビアンジャイアントオオムカデ
165　チチュウカイミバエ
169　ヤスデ
172　矢毒
177　カ
181　アメリカマツノキクイムシ
185　ツチミミズ
188　内なる敵
197　ケオプスネズミノミ
203　アリガタハネカクシ
206　屍肉食い
211　ブドウネアブラムシ（フィロキセラ）
217　ロッキートビバッタ
221　ゾウムシなんかこわくない
227　サシチョウバエ
231　ヒゼンダニ
234　食い物にされないように

241 スパニッシュフライ
245 オオツチグモ（ルブロンオオツチグモ）
249 ツェツェバエ
253 ゾンビ

—— End Notes

259 挿絵画家
260 資料
264 参考文献

注記
・複数の英語名および学名が挙げられるべきところでは、代表例として筆者が選んだ種を挙げている。
・学名について、同じ属名が連続して登場する場合は、属名の頭文字のみを示した。
例：Aconitum napellus → A. napellus
・引用はなるべく邦訳に従ったが、動植物名が厳密でないものが多かったため、そこは勝手ながら統一させていただいた。

注意：多勢に無勢

　1909年、『シカゴデイリートリビューン』紙に「もし虫が人間の大きさだったら」と題した記事が掲載された。記事は、不吉なことばで始まっている——「これまでに人間が発明してきた破壊の力など、自然が昆虫に授けた力と比べれば、子供だましでばからしい」。記事はさらにこう続ける。「もしも明日、魔法使いがこの世に魔法をかけて、人間を昆虫ほどの大きさに縮め、小さな虫たちを人間の大きさにしたら」——どうなるだろうか。

　シカゴ市民は虫と入れ替わった自分たちを襲う恐怖の数々について、不安な思いで読んだにちがいない——巨大なヘラクレスオオカブトは、いかめしいだけでなく、飲むし暴れるし、悪行三昧だ。キクイムシは巨大な要塞をなぎ倒すし、ホソクビゴミムシの大隊の前には、軍隊も形無しだ。クモは「ゾウも倒す。（中略）人間にとっての唯一の救いは、人間が小さすぎるのでわざわざ襲ってこないことだ」。ライオンも、たくさん脚のある翅の生えた敵におびえてすくみあがってしまう。

　きっと筆者が言いたかったのは、昆虫には独特の強大な力があるということだ。そしてかれらが世界征服に至っていないのは、その小ささのせいにすぎないと示したかったのだろう。

　とんでもない。昆虫はこれまでにも歴史を変えている。兵士たちを釘付けにしたこともある。農地から人々を追い出したこともある。都市をのみこみ、森林を食らい、無数の人々に苦痛を負わせ、命を奪ってきたのだ。

昆虫が益にならないわけではない。かれらが授粉した植物は人間の食物になるし、昆虫自身も食物連鎖の一部になって、他の生物に食される。分解に欠かせない役割を果たし、落ち葉から戦死した英雄まで、あらゆるものを土に還す。クロバエからツチハンミョウまで、たくさんの昆虫が医学に役立っている。そしてかれらが互いに捕食しあうせいで、害が抑制されている。昆虫なしでは人間も生きてこられなかったのだ。見境ない農薬利用と昆虫の生息環境の破壊は甚大な被害を出しているし、それよりは昆虫と共生してそのすぐれた性質を正しく評価する取り組みをしたほうがずっとましだ。

　だが、本書は昆虫の長所をほめたたえる本ではない。前著『邪悪な植物』と同様に、本書も自然と人間の関係の暗部に的を絞っている。昆虫はすでに嫌われているのだから、さらにあおることはないと言う人もあるだろう。そして筋金入りの虫の擁護派——やさしい言葉をかけながら虫をそっと家から追い出して、虫の食事を妨げてはいけないからと庭に農薬を撒かない人は、かれらの罪深い過去など知りたくないかもしれない。

　しかし愛情は嫌悪と同様に、人を惑わせる。窓辺にいるニワオニグモのはたらきは称賛に値するが、南アメリカ旅行で出くわす吸血性のサシガメには近づかないほうがいい。そういった区別は、昆虫学を専攻しなくてもできるようになる。すこしの常識と、旺盛な好奇心があればいい。本書がその両方を刺激して——ついでに背筋がぞくぞくするようなスリルを、すこしばかりお届けできることを願う。

　筆者は科学者でも医者でもない。自然界に魅了された作家だ。各

章におもしろくておそろしい逸話を用意して、習性や生活様式に関する情報を提供し、その章でとりあげたいきものが見分けやすくなるようにしたつもりだ。本書は決して包括的な図鑑でも医療文献でもない。本書を参考に虫の正体を決めつけたり、疾患の診断に用いたりしないでほしい。その用途向けには、巻末に推薦書や資料の一覧を設けた。

　本書では、数千種に及ぶいきものの中から、筆者が最も興味を引かれたものを選んだ。"邪悪な"という言葉を幅広くとらえて、さまざまな虫たちを含めた。世界一苦痛をもたらす虫たち（咬み傷が銃創のように痛むことから、「弾丸アリ」〔Bullet ant〕という名前がついたネッタイオオアリなど）、最も破壊的な虫たち（ニューオーリンズ近辺で防水壁の継ぎ目をひそかにかじり続けるイエシロアリなど）、病原菌を媒介する虫たち（ヨーロッパに黒死病をもたらしたケオプスネズミノミなど）。作物をだめにする虫、人間を家から追い出す虫、ひたすら苛立たせる虫も、すべて本書におさまっている。グロテスクな話もあれば、悲劇的な話もあるが、どれも小さないきものたちの力と複雑さに感嘆させられる。

　昆虫学者たちは、「虫」という言葉は誤解を招くとたちまち抗議の声をあげそうだし、実際まったくその通りだ。わたしたちのほとんどは、這いまわる小さないきものをすべて「虫」という。なおさら正しくない使い方もあって、ウイルス性胃腸炎や、コンピュータプログラムの欠陥や、ランプのかさに隠された盗聴器を「虫」という場合もある。いずれも科学的見地からいうと不正確だ。厳密には、「昆虫」とは6本脚、3つに区分できる体、そして多くの場合は2対の翅を備えた生物を指す。本当の「虫」とは、昆虫の分類でいう半翅目に属しており、刺して吸い上げる役割をする口器を持っている。したがってアブラムシは正確に「虫」

と呼べる昆虫で、アリはそうではない。クモ、ミミズ、ムカデ、ナメクジ、サソリはまったく昆虫とは呼べず、昆虫とは遠縁に当たる、クモ網その他の網に属するいきものだ。これらも、本書でいくつかとりあげずにはいられなかった。科学者のみなさんには、これらをすべて素人定義の「虫」で呼ぶことを許してほしい。

　これまでに世界中で100万種超の昆虫が分類されている。地球上には現在100京の昆虫がいるといわれているため、一人当たり2億匹いる計算になる。地球上のあらゆるいきものをピラミッド構造に並べると、ほとんどすべてが昆虫、クモなどの類で占められる。その他の動物——人間を含む——は、ピラミッドの片隅にごくわずかな部分を占めるにすぎない。まったく多勢に無勢だ。

　昆虫や、その同胞のにょろにょろ、もぞもぞ、もそもそ動きまわるいきものたちに、警戒をこめた畏敬の念を厚かましくも捧げる。これだけいろいろ知ったいまも、筆者はいまだに虫を叩きつぶせない。だが現在では、これまでにまして驚嘆——そして警戒——をもって、かれらを眺めるようになった。

邪悪な虫

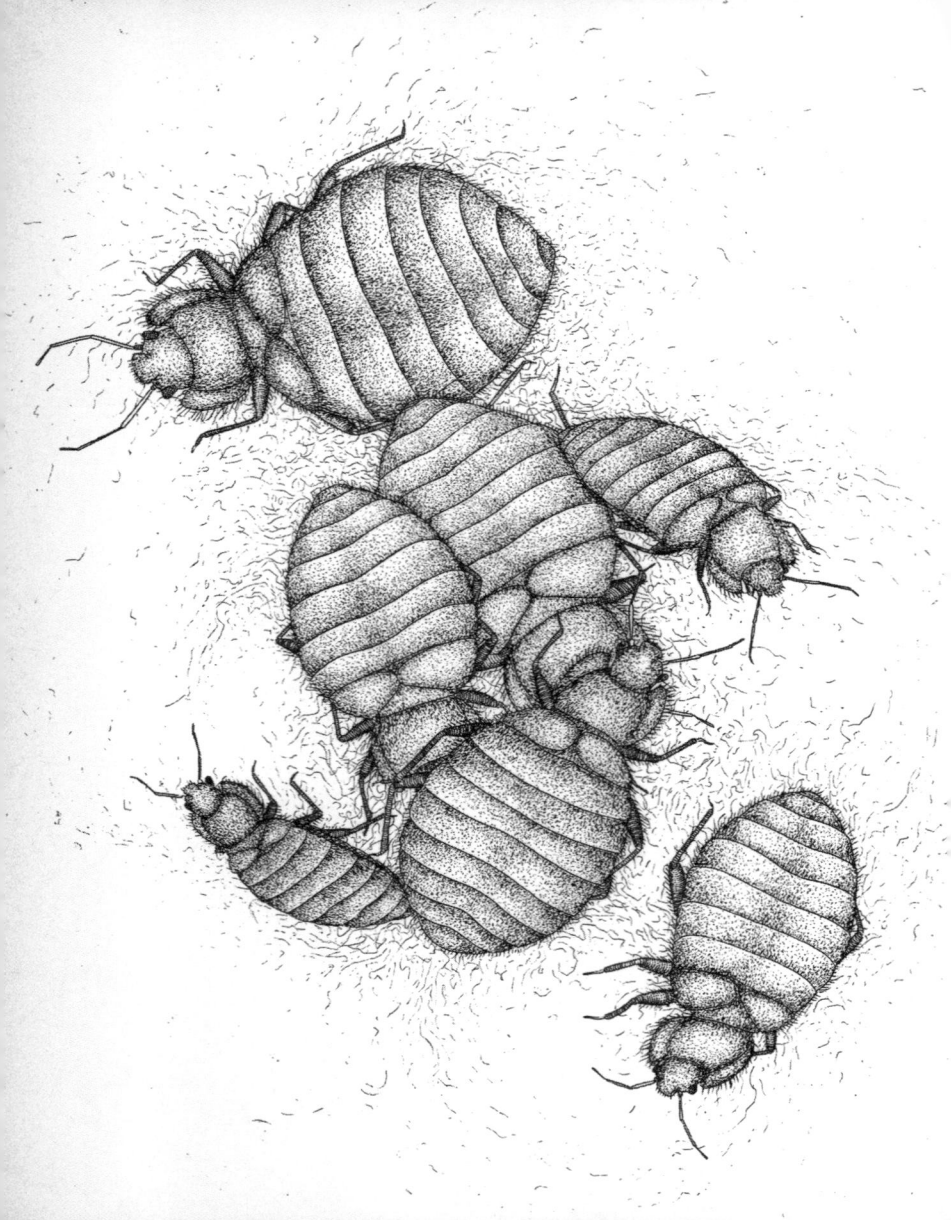

（不快）

アフリカンバットバグ

AFRO-CIMEX CONSTRICTUS

体長	：5ミリ
科	：トコジラミ科
生息場所	：コウモリのコロニーの近く。おもに樹木や洞窟に生息するが、軒や屋根裏に住み着くこともある
分布地	：アフリカンバットバグは東アフリカ原産だが、ほかの種のバットバグは、コウモリが多数生息しているところであれば場所を問わず世界各地に分布しており、アメリカ中西部でも見られる

　ノースカロライナ州のとある家族が、家の中でトコジラミ（ナンキンムシ）に似た小さな吸血性の寄生虫を見つけた。もっとひどい事態がその後おとずれるとは、だれも予想していなかった。この虫がいるのは、屋根裏にコウモリが住みついている証拠だった。

　バットバグはコウモリを好む寄生虫だが、非常に空腹になると、ほかの恒温動物をもとめる。頻繁に吸血する必要はないが——成虫なら1年に1回の吸血で生き延びられる——繁殖に必要なエネルギーを得るためには、生きたコウモリから繰り返し吸血する必要がある。バットバグはコウモリの体にとりついて暮らしているわけではない。屋根裏や木のうろなど、コウモリが住んでいる暖かくて乾燥した場所の隙間に隠れ住み、早朝にコウモリがねぐらに戻ってくると、その血を吸うのだ。

　バットバグと、そのエサのコウモリが家にいるのを知って驚いた家族は、駆除業者に連絡した。するとこんな助言が返ってきた。秋になれば、生まれたてのコウモリも成長して自力で屋根裏から飛びたてるようになる。そうしたらコウモリがいない間に、屋根周りのひびや隙間を埋め

（Horrible / African Bat Bug）

てしまえばいい。家族はこうしてコウモリを家から追い払うことに成功した。だが残念ながら、バットバグはそう簡単に立ち退いてくれなかった。

　宿主を失ったバットバグは、家をうろついて人間から吸血する。この虫にやられると、かゆみのある肌色のみみずばれがたいてい2、3個ずつできる。咬傷（こうしょう）は基本的に無害だが、ひどくかきむしると炎症や細菌感染を起こしてしまう。宿主が眠っている間に吸血するため、姿はめったに見かけない。大きさは約3ミリで、楕円形で暗赤色をしており、近縁種のトコジラミとほとんど見分けがつかない。

**実験環境では、バットバグのコロニーは
たちまち全滅してしまう。オスの関心と、苦痛を伴う
破壊的な交尾方法から逃れられないメスは、
傷が治って次世代を無事に生む暇もなく死んでしまうのだ**

　人間からみれば、こんな生き物と同じ屋根の下に住むのは不快だが、バットバグのオスと親密な行為に及ぶメスの体験に比べればはるかにましだ。バットバグは種を問わず、外傷受精（traumatic insemination）という方式で交尾をおこなう。オスはメスの性器をまったく無視して、おそろしく鋭い小さなペニスをメスの下腹部に突き刺すのだ。精子は直接血流に入って、その一部が生殖器官に向かい、残りは吸収されて排出される。

　メスにとっては到底受け入れられないやり方だ。実験環境では、バットバグのコロニーはたちまち全滅してしまう。オスの関心と、苦痛

(不快)

を伴う破壊的な交尾方法から逃れられないメスは、傷が治って次世代を無事に生む暇もなく死んでしまうのだ。この問題を回避するために、アフリカに分布する亜種（*Afrocimex constrictus*）は、スパーマレージ（spermalege）というまったく新しい器官を備えて、下腹部のもっと受け入れやすい場所にオスの突き刺し行動を導いている。

　さらにやっかいなことに、多情なオスは、オスの体も貫く。メスにもましてこの行動を嫌ったオスたちは、見境のない同胞から身を守ろうと、さらに頑丈なスパーマレージを生み出した。これがうまくいったので、メスたちも注目した。もともとメスが発明したニセの性器の頑丈なものを身につけたオスを、模倣しつつあるのだ。メスをまねるオスをまねるメス、という珍妙な事態は、倒錯したバットバグ・ロマンスの世界に「偽装の温床」をつくりあげたと、ある科学者は当惑を交えて述べている。

{類縁種} バットバグは、吸血（恒温動物の血液を食する行動）によって生きているトコジラミなど数種の昆虫と近縁である。

(Horrible / She's Just Not That Into You)

● そんな彼女なら捨てちゃえば？

　愛に苦しむいきものは、アフリカンバットバグだけではない。強引で敵対的な交尾は意外に多く、じつにひどい逢い引きになる。男女の戦いのこわい話をいくつか紹介しよう。

バナナスラッグ
BANANA SLUG　*Ariolimax californicus*

　このナメクジが森で地面を這っているのは、衝撃的な光景だ。体は人間の指より長く、バナナそっくりの明るい黄色をしている。西海岸一帯に生息しており、特にカリフォルニア州では、風変わりな名物として珍重されている。カリフォルニア大学サンタクルズ校は、大学のマスコットにバナナスラッグを採用しているほどだ。

　穏やかそうに見えて、この生物はじつに乱暴な交尾をする。バナナスラッグは両性具有——雌雄両方の生殖器官がある——で、交尾が可能になると、移動したあとに残る粘液がパートナー候補への合図になる。2匹は一種の前戯として、互いの粘液を食べる。それから互いが文字通り身の丈に合うか測る。同時に貫き合って交尾するので、身動きがとれなくならないように体長がほぼ同じパートナーを探そうとするのだ。2匹は距離をつめて交尾を促すためにS字型になり、しばしば相手を咬む。ナメクジにとっては通常の交尾前行動だが、双方とも穿たれ、打ちのめされてしまう。

　2匹は数時間にわたってもつれ合う。やがて離れようとすると、絶望的にくっついたまま離れられず、互いのペニスを咬み切るしかなくなることもめずら

（不快）

しくない。この行動はアポファレーションといって、進化の袋小路のように見受けられる。だが実際には、かれらは死なないし、また交尾をする。今度はメス役専門として。

ホタル
FIREFLY *Photuris versicolor*

ホタルは夏の求愛シーズンに、かわいらしい光を放って仲間への合図にする。オスは夜に飛びまわり、メスを引きつけるために発光する。種によって発光パターンの長短が異なるので、ちがう種のメスをひきつけるおそれはない。メスも種に固有の発光パターンで応答する。オスの合図にメスが応答するまでの時間は種によって異なっており、このささやかなちがいのおかげで、パートナーになるべき相手が見つかるのだ。

このシステムがうまくいっていたのも、フォツリス・ベルシコロル（*Photuris versicolor*）という種の妖婦が関わるまでのことだ。この種のメスは特定パターンの発光でパートナーをひきつける一方で、ニセの合図でべつの種であるフォチヌス・イグニツス（*Photinus ignitus*）のオスもひきつける。うまく近づいてきたところで、襲いかかって食べてしまうのだ。だがこのメスにとってこれは単なる食事ではない――フォチヌス・イグニツスのオスが捕食者を近づけないように用いている防御物質を、食べることによって獲得するのだ。この防御物質は、食べたメスだけでなく、その子も守る効果がある。

カマキリ
PRAYING MANTID *Tenodera aridifolia sinensis*

カマキリのメスは必ずパートナーを食べるとはかぎらないが、よくあることなのでオスも不安になる。オスは用心深く近づいて、まずメスが最近なにか

(Horrible / She's Just Not That Into You)

食べたか見きわめる。充分に食事をとっているようなら、オスにも生きて試練をくぐり抜けられる見込みがある。メスが空腹だったら、オスは別のパートナーを探すか、摑(つか)みかかられないように離れたところから跳び乗るのだ。

オスが手を尽くしているにもかかわらず、メスは交尾中にくるりと向きを変えてパートナーの頭を咬みちぎりがちだ。こうなっても交尾は続き、メスが食べ終わると同時にオスの活動は終わる。逢い引きが終わると、オスは翅(はね)しか残っていない。

メスとの出会いを生きてくぐりぬけた幸運なオスは、メスの上にしばらく留(とど)まっていることがしばしばある。愛情表現ではない。どちらかといえば恐怖に近い。ここまで生き延びたオスは、急に動くほど愚かではない。無事に逃げられるように充分に注意して、ゆっくりとメスから下りるのだ。

ゴールデンオーブウィーバー
GOLDEN ORB-WEAVER *Nephila plumipes*

オーストラリアに分布するクモで、非常に共食いしやすい。交尾のおよそ60パーセントは、メスがオスを食べて終了する。実際のところ、オスはメスが摂取する栄養のかなりの部分を占めている。さらに悪いことに、もつれた体が離れず、オスの生殖器の一部がもげてメスの体内に残ってしまう場合がしばしばある。

遺伝的には有利に見受けられるが——虫の世界では、オスがパートナーに「性器栓(せん)」を残して、他のオスとの交尾を防ぐこともめずらしくない——ゴールデンオーブウィーバーはちがうようだ。他のオスたちも、前回の交尾の残骸をたやすく乗りこえて、まったく問題なしに交尾できるのだ。

研究者たちによると、負傷した「オスは生き延びられたとしても、交尾が成功する可能性はわずかだ。(中略)したがって、オスに対する交尾後の共食いによる損失は少ない」。つまり将来的に交尾をする見込みがないため、食

(不快)

べられても差し支えない——少なくとも、最後に親の務めとして、子たちの母親にまともな食事を一回提供することはできるのだ。

カニグモ属
CRAB SPIDER *Xysticus cristatus*, others

クモ綱や昆虫界のオスたちが交尾の際に直面する危険性を考えると、カニグモの一部が別の計画を思いついたのも当然だ。オスのカニグモは注意深くメスに近づき、そっと叩いて求愛行動の意志があるか確かめるや否や、メスの脚に柔らかな糸をすばやく巻きつけて交尾が終わるまで拘束しておく様子が確認されている。儀式を観察した科学者たちは、この束縛法を恭しくも花嫁のベールにたとえている。

オスは用心深く近づいて、まずメスが最近なにか食べたか見きわめる。充分に食事をとっているようなら、オスにも生きて試練をくぐり抜けられる見込みがある

〈苦痛〉

オオスズメバチ

VESPA MANDARINIA / JAPONICA

体長	：50mm
科	：スズメバチ科
生息場所	：おもに森林だが、都市にも増えつつある
分布地	：日本、中国、台湾、韓国などアジア一帯

　ここ数年間、東京の保健当局は、夏に雨があまり降らないと、きわめて強い痛みをもたらす世界最大のスズメバチが身近に現れる可能性があると市民に警告している。オオスズメバチは、アジアではヤク殺しとして知られており、ミツバチや捕食性のハチの針にも含まれる痛みをもたらす成分の濃縮版とともに、非常に強い神経毒、マンダラトキシンを毒針で注入して、命を奪うこともある。オオスズメバチの世界的権威である小野正人は、この種のハチに刺された痛みを「脚に熱い釘が刺さったよう」と表現している。何より悪いことには、刺傷に残ったホルモンが他のハチを集めるため、何度も刺される可能性が増す。「スズメバチ」は日本語で「雀蜂」という意味だ。全長5センチと非常に大型で、飛ぶところはたしかに小さな鳥に似ている。日本の暑い夏には、都市部でゴミ箱をあさって残飯の魚のかけらを幼虫に持ち帰ろうとしている様子が見受けられる。食べものをもとめて都市部に出てくることもいとわないため、毎年約40人がスズメバチの大群に襲われて命を落としている。

　人間にとってこんなにおそろしい存在であるスズメバチが、ミツバ

（Painful / Asian Giant Hornet）

チにとってはどんな存在か想像してほしい。野生のニホンミツバチ（*Apis cerana japonica*）のコロニーを研究している科学者の間では、この種のコロニーがオオスズメバチの攻撃に弱いことが昔から知られている。たいていは、まず1匹のオオスズメバチが、あたりを偵察にやってくる。そしてミツバチを2、3匹殺して、幼虫の餌として持ち帰る。これを繰り返してミツバチの巣にフェロモンをなすりつけ、襲撃の合図にするのだ。

オオスズメバチ研究の世界的権威は、このハチに刺された痛みを「脚に熱い釘が刺さったよう」と表現している

　オオスズメバチはおよそ30匹の群れでミツバチの巣を襲撃する。おそろしいことに、数時間で3万匹もの小さなミツバチたちの頭部をちぎり、胴体を地面に投げ、血祭りにあげる。ミツバチをすべて殺してしまうと、およそ10日間巣を占拠してハチミツを奪い、幼虫をくすねて子のエサにするのだ。

　近年、小野正人は玉川大学の研究者たちとともに、ニホンミツバチが考案したとびきり巧妙な逆襲法を発見した。最初にスズメバチが単独で巣に近づいてきたときに、働きバチが中に退却してスズメバチを巣の入り口に誘導する。そして500匹を超えるミツバチの大群でスズメバチをとりかこみ、猛烈に羽ばたいて周辺温度を47度まで上げる——スズメバチが死ぬくらいの高温だ。

　ミツバチにとってもこれは危険なやり方だ——群れの温度があと1、

〈苦痛〉

2度上昇すると、ミツバチも死んでしまう。実際この戦いの中で死んでしまう働きバチもいるが、群れは死んだハチを押しやって、スズメバチが死ぬまで羽ばたき続ける。20分かけて敵を焼き殺すのだ。昆虫が敵に対して集団防御態勢をとること自体めずらしいが、体温だけで襲撃者を倒す例は、他に確認されていない。

　スズメバチの途方もない力に注目した日本の研究者たちは、その胃液抽出物をスポーツ選手のパフォーマンス強化に利用できるか試してみた。食料を求めて驚異的な距離を飛ぶスズメバチの成虫は、消化器官が非常に小さいので固形物をあまり食べられない。しかし幼虫のエサとして、死んだ昆虫を持ち帰る。幼虫が食べ終わると、成虫は幼虫の頭をそっとたたいて促し、透明な液体を数滴「口移し」させる。成虫はこの液体をエネルギー源にしている。日本の研究者たちは、スズメバチの巣を80個以上しらべて、幼虫からこの液体を一滴ずつあつめた。実験によると、マウスも院生たちもこの液体を飲むと疲労が軽減され、脂肪を効率よくエネルギーに変えられるようになった。

　2000年のシドニーオリンピックで金メダルを獲得したマラソン選手の高橋尚子は、成功したのはこの「スズメバチジュース」のおかげだとしている。これは天然物質なので国際オリンピック委員会のドーピング規定には抵触しなかった。現在では、持久力を高めるとうたったスポーツ選手用飲料がスズメバチジュースとして市販されている。しかしこの類の飲料には、幼虫由来の抽出物は含まれていない。効果のあるスズメバチジュースをまねたアミノ酸混合液にすぎないのだ。

(Painful / Asian Giant Hornet)

{近縁種}オオスズメバチはスズメバチの仲間で、大きな頭部と丸みのある腹部がほかの捕食性のハチと異なる。ヨーロッパに生息するスズメバチ、モンスズメバチ(*Vespa crabro*)はやっかいな毒針で攻撃に報いるが、ほかのスズメバチと同じく、刺されて死ぬほどではない。

（苦痛）

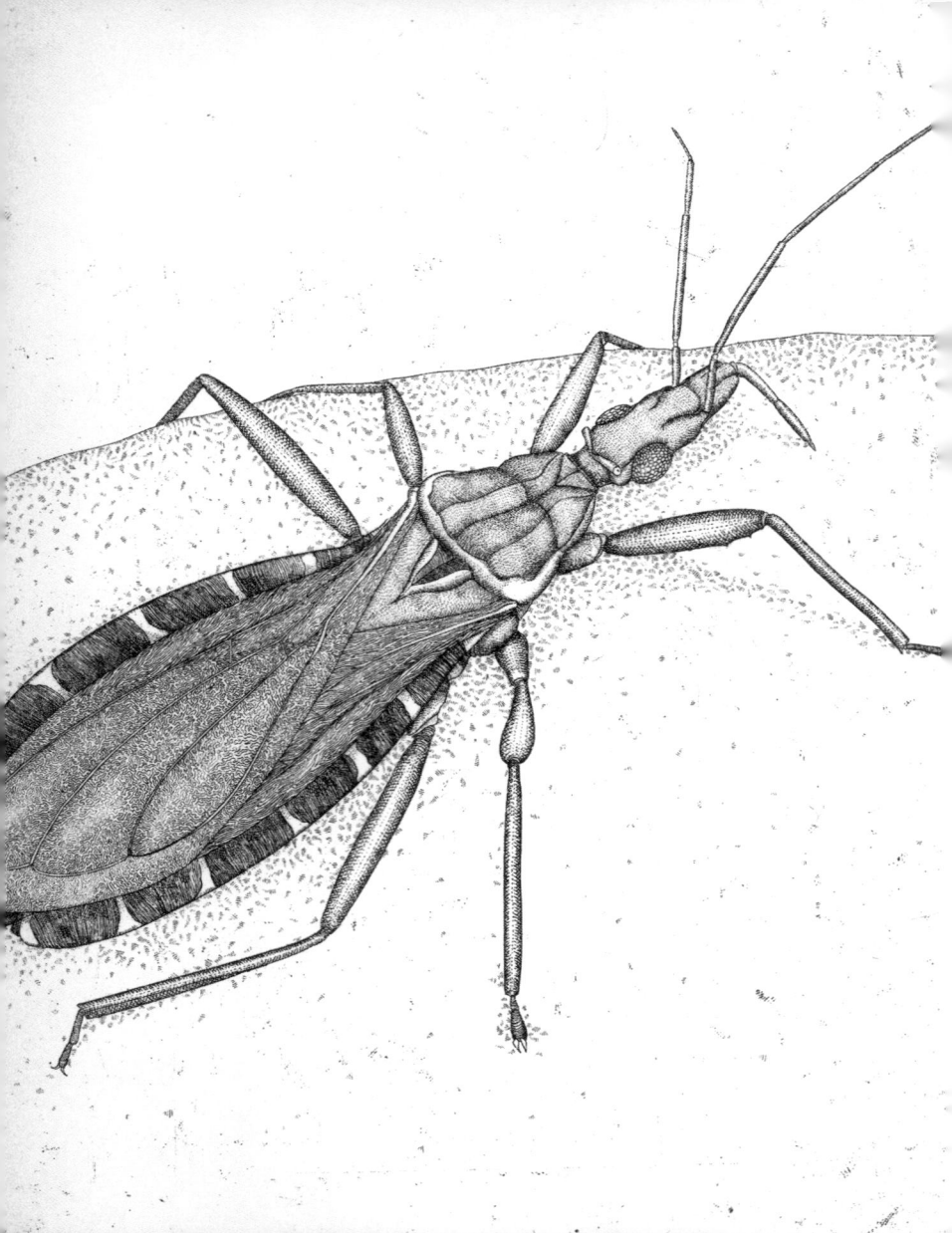

(死)

ブラジルサシガメ

TRIATOMA INFESTANS

体長	：15〜25ミリ
科	：サシガメ科
分布場所	：通常は餌のそば――家、納屋、巣、洞窟など、鳥や齧歯類など動物の住処でみられる
生息地	：北アメリカ、南アメリカ。種によってはインド、東南アジアにも生息

　若きチャールズ・ダーウィンは1835年に、アルゼンチンで奇妙な出会い方をした虫について書いている。かれの乗ったイギリス海軍の帆船「ビーグル」号は南米調査任務の終わり近くにきていた。ダーウィンは船長の学者仲間兼博物学者として雇われていたのだった。それまでの航海はすでに危険だらけだった――船長は情緒不安定で不機嫌だったし、乗組員は地元民に襲われ、略奪にあった。そしてほぼ全員が、航海中のどこかで病気か飢えに悩まされていた。3月25日のこと。ダーウィンも、この地域の吸血昆虫の餌食になってしまった。日記にはこう書かれている。「夜にビンチュカ（Benchuca）の攻撃（と言わざるを得ない）を経験した。サシガメの一種で、パンパに生息している巨大な黒い虫である。体長およそ2.5センチの、翅のないやわらかな昆虫が体を這うのは、不快きわまる感触だ」。

　ダーウィンは、この血に飢えたけだものに仲間の数人が身を差し出した実験についても詳しく書いている――「テーブルに置かれた昆虫は、人垣に囲まれていても、指を差し出せば、大胆にもすぐさま吸い口を突き出して襲いかかり、可能であれば血を吸おうとした。（中略）士官の

〔Deadly / Assassin Bug〕

ひとりの世話になってありついたこの1回の食事のおかげで、ビンチュカは4ヵ月間、まるまると太っていた。だが吸血して2週間もたつと、また血を吸おうとするのだった」。

ダーウィンは知らなかったが——当時はだれも知らなかった事実だ——サシガメの一部は、シャーガス病（チャガス病）という病気を傷口から媒介する。この楕円形の昆虫が属するサシガメ科には、吸血性のトリアトーマ属が約138種確認されており、その約半分がシャーガス病を媒介することがわかっている。大部分は北アメリカ・南アメリカに分布しているが、インドや東南アジアにもいくらか分布している。ぬくぬくと宿主のもとで暮らし、穴や巣に隠れて小型の齧歯類やコウモリの血を吸っているのだ。家や納屋にもためらいなくやってくる。ラテンアメリカの一部地域ではヤシの葉で屋根を葺いているため、葉についた卵がもとで、サシガメが家の中に持ちこまれてしまう。

サシガメは5段階の若虫期を経て成虫になり、一回の食事で体重の9倍の血を飲む。メスの成虫は、吸った血液の量に応じて6ヵ月の生涯に100〜600個の卵を産む。

ほとんどの場合、サシガメの刺傷は痛みを伴わない。吸血時間は2、3分から30分で、血をむさぼるにつれて体が膨らんでいく。サシガメがひどくはびこる家には数百匹いる場合もあり、ひとりに20匹がたかって一晩に1〜3ミリリットルの血を飲むこともめずらしくない。サシガメがきわめてひどくはびこる患者の家を訪れた医療関係者によると、サシガメの排泄物が壁に黒と白の筋を描いてしたたっていたという。

サシガメは被害者の口の周りから血を吸うのを好むため、「接吻虫」と呼ばれている。残念ながら、それが死の接吻になる場合もあるのだ。

〈死〉

1908年、ブラジルの医師カルロス・チャガスは、マラリアを研究していてこの吸血性昆虫の存在に気づき、この虫が病原体をもっているか調べてみた。見つかったのは寄生原虫クルーズトリパノソーマで、血液とともにサシガメの体内に取りこまれていた。この寄生原虫はサシガメの内臓の中で成長して増殖し、糞の中に排出される。感染源は刺し傷ではなく、吸血の際に肌に落ちる糞だ。刺し傷をひっかいたりこすったりすると、糞が傷口に押しこまれて血中に入る（北アメリカのサシガメは、吸血後およそ30分たって用を足す。その頃には被害者から離れている。この虫が媒介する病気がアメリカであまりはびこらない理由のひとつだ）。

サシガメは被害者の口の周りから血を吸うのを好むことから、「接吻虫」と呼ばれている。残念ながら、それが死の接吻になる場合もあるのだ

チャガスの発見について最も注目すべきは、まず媒介昆虫の中に病を見つけて、それから感染者の原因究明にとりかかった点だ。ひとたびこれを見つけたチャガスは、自分が致死性の病を見つけ、しかもそれが植民化と関連があるらしいことに気づいた。植民者がジャングルを開拓して、ヤシの葉葺きのモルタル造りの小屋を建てたときに、もともとジャングルの齧歯類の間で病気を媒介していたサシガメが、人間たち——温かい血液をたっぷり提供してくれるすばらしい食料源——の中に放りこまれたのだ。地元民はすでにこの虫に名前をつ

〈Deadly / Assassin Bug〉

けていたが——「屋根から落ちてくるもの」を意味する「ビンチュカ」（Vinchuca）と呼ぶ人もいたし、「冷気を嫌うもの」を意味する「チリマチャ」（Chirimacha）と呼ぶ人もいた——この虫が引き起こす病気は、ちょうどチャガスが発見した頃に広がりだしたばかりだった。

　この虫に目の周りを刺されると、ひどく腫れ上がる。体を刺されると、小さな潰瘍ができたあとに熱が出て、リンパ節が腫れる。この病気にかかると初期に命を落とす場合もあるが、ほとんどの人は症状がおさまったあとに心臓、腸、その他の主要臓器に重い障害が出て、最終的にそれが命取りになる。シャーガス病を抱えている人は、アメリカに300人、ラテンアメリカには800〜1,100万人いる。早期治療で寄生虫は殺せるが、手遅れになると治療法はない。

　史家の一部は、チャールズ・ダーウィンもシャーガス病にかかり、最後はそれで命を落としたと考えている。確かにこれで、かれを生涯なやませた奇妙で複雑な健康問題の説明がつく。しかしアルゼンチンでサシガメに遭遇する前から一部症状が出ていたという事実は、この説を否定している。ウェストミンスター寺院に眠るダーウィンの遺体を掘り起こしてシャーガス病の検査をしたいとの要望はすでに却下されており、いまだかれの健康問題の原因はわかっていない。

{**類縁種**} イモムシなどの害虫を餌にするホイールバグ（*Arilus cristatus*）もサシガメの一種。その他の仲間には、いわゆるアシナガサシガメ（クモなどを捕食する、細長い昆虫）などがいる。

（危険）

●戦争の虫

　50年前、ソビエトの人工衛星「スプートニク」の打ち上げを受けて、アメリカ国防省は先進的な研究機関、国防高等研究計画局（DARPA）を設けた。以来、国防高等研究計画局の研究者たちはステルス機、あたらしい潜水艦技術、インターネットのはしりなどを開発してきた。現在かれらが注目しているのが、サイボーグの昆虫だ。「HI-MEMS（Hybrid Insect Micro-Electro-Mechanical System）」プロジェクトは、ガやチョウに変態する前のイモムシにコンピュータチップを埋め込もうという試みだ。昆虫の飛行経路を遠隔操作して、やがては敵陣に忍びこませて、敵に知られずに情報を送信させるのがねらいだ。

　「HI-MEMS」計画は風変わりで斬新すぎて現実味がないようにも受け取れるが、昆虫の戦争利用には長い歴史があり、これはその中の最新の試みにすぎない。昆虫の戦争利用を研究している昆虫学者ジェフリー・ロックウッドの調査では、ミツバチなど人間に愛されている昆虫も、悪意をもって利用されてきたことがわかっている。

(Dangerous / Bugs of War)

ミツバチとスズメバチ
BEES and WASPS

　ミツバチやスズメバチは、何千年も前から武器として利用されてきた。ハチの巣を敵に投げつけるのは効果的な戦法で、大混乱を引き起こし、最も猛々しい戦士さえ逃げ出させた。マヤの人々は、紀元前2600年からハチを利用していた。言い伝えによると、人形を用意して、刺咬昆虫を詰めたヒョウタンをその頭部に見せかけて用いたという。古代ギリシャ戦記などには、敵の防塁の下までトンネルを掘って、中にスズメバチを放つ方法も書かれている。投石機を用いて敵の防塁の向こうへ巣を投げ入れる方法は、遅くともローマ時代には始まって、中世まで用いられていた。

　だがミツバチが利用されたのは、古代のみではなかった。第一次世界大戦でも、タンザニア人たちがハチの巣を下生えに隠して、巣の蓋に仕掛け紐を結びつけた罠をつくり、一帯をドイツの手から奪おうと侵攻してきたイギリス兵を狙っている。

　ハチを用いた戦法で最も興味深いのは、ソクラテスの時代にクセノフォンという人物が記した方法だ。かれは紀元前402年頃、ギリシャの戦いで毒を盛った巣を用いたと書いている――「ハチの巣を食べた兵士は、みな感覚を失って嘔吐し、腹を下してだれひとりまっすぐ立てなかった。少量食べた者はひどい中毒に陥り、たくさん食べた者は気が狂ったようになって、瀕死状態の者もいた」。兵士たちに与えられたハチの巣には、ツツジとアザレアの花から集められた蜜がたっぷり入っていたのだ。これらの植物の神経毒は強力で、花蜜にも効果がある。そのハチミツを食べると、ハチミツ中毒（グラヤノトキシン中毒）で倒れてしまうのだ。

（危険）

サシガメ
ASSASIN BUGS

　シャーガス病を媒介するこの吸血性昆虫は、いわゆる「虫穴」での拷問道具に用いられてきた。最も有名な例が1838年の事件だ。ウズベキスタンの都市ブハラに到着したイギリスの外交官チャールズ・ストダートは、この地の首長を味方につけて、ロシア帝国の拡大を食い止めるのに協力を求めようとした。親しくなるどころか、かれは敵と見なされて虫穴に投げ込まれた。虫穴とは、伝統的な中央アジアの牢獄「ズィンダン」の下に掘られた穴だ。ストダートはここで、囚人の中で新鮮な肉をエサに生かされていたサシガメに襲われた。上の部屋から石造りの樋で落とされる人糞がさらに虫を引きつけて、穴はおぞましい場所になっていた。

**かれは敵と見なされて虫穴に投げ込まれた。
ストダートはここで、囚人の中で新鮮な肉をエサに
生かされていたサシガメに襲われた**

　数年後にストダートの仲間のイギリス人士官、アーサー・コノリーが救出を試みたが、かれもやはり穴に投げ込まれた。ふたりともまさに生きながら食われたのだ。地上で何度か見かけた人の話では、潰瘍とシラミだらけだったという。しかしかれらを殺したのは昆虫たちではなかった——ふたりは1842年に公の場で斬首された。

〈 Dangerous / Bugs of War 〉

サソリ
SCORPIONS

　刺さなくても、サソリはおそろしい外見をしている。大プリニウスは西暦77年頃にサソリについてこう書いている。「危険な災厄であり、蛇のように毒をもっているが、蛇よりはるかに大きな苦痛をもたらす点が異なり、刺された者は3日の後に死ぬ」。そしてサソリの毒針は「未婚婦人を必ず死に至らしめ、大抵は既婚婦人も同じ結果に導く」と付け加えている。

　イラクのキルクークとモースルの近くに位置していた古代都市ハトラでは、西暦198年頃、地元指導者たちがサソリを用いていた。この要塞都市を、セプティミウス・セウェルス率いるローマ兵の攻撃から守っていたのだ。ローマ兵がやってきたとき、指導者たちは襲撃者に投げつける毒の爆弾として——おそらく周囲の砂漠であつめた——サソリがたくさん入った陶器の壺を用意していた。当時のローマの史家、アンティオキアのヘロディアヌスは、その光景をこう書いている——「陶器の壺をつくり、翅(はね)つきの昆虫でそれを満たした。小型の有毒な飛ぶ生物である。攻囲軍にこれを投げつけると、ローマ兵の目など、体の無防備な部分すべてに昆虫が降ってきて、気づかれるより早くかぶりつき、咬(か)んだり刺したりした」。サソリは飛ばないが、史家たちの推測では、この爆弾にはサソリのほか、刺咬昆虫がいろいろ詰め合わせてあり、おそらくミツバチやスズメバチも含まれていたと考えられる。

ノミ
FLEAS

　腺ペストを媒介するこの小さな吸血性の虫も、戦争の道具として用いられてきた。第二次世界大戦中、日本の生物兵器研究機関731部隊が、ペスト菌汚染されたシラミを搭載した爆弾を敵地に落とす方法を開発した。この方法は中国東岸に位置する海辺の町、寧波(ニンポー)と、湖南省の沅江(げんこう)沿いに位置する都市、

〈危険〉

常徳(チャントー)で試された。両地域では、この実験の影響でペストが大発生している。

　日本の生物兵器計画によって死亡した中国人の数は200人と推計されている。「夜桜」作戦ではカリフォルニア州でノミをばらまく予定だったが、この計画は実行されなかった。日本軍は捕虜を使ったおぞましい医学実験もおこない、ガス部屋送りにしたり、病気や凍傷にかからせたり、麻酔なしの手術をおこなったりしている。これらの戦争犯罪の証拠が明るみに出たのは終戦後だが、アメリカは731部隊の研究とデータへのアクセスと引き換えに、研究に関わった医師たちを刑事免責とした。史家たちが731部隊の残虐行為を伝え始めたのは、1990年代半ば以降だ。

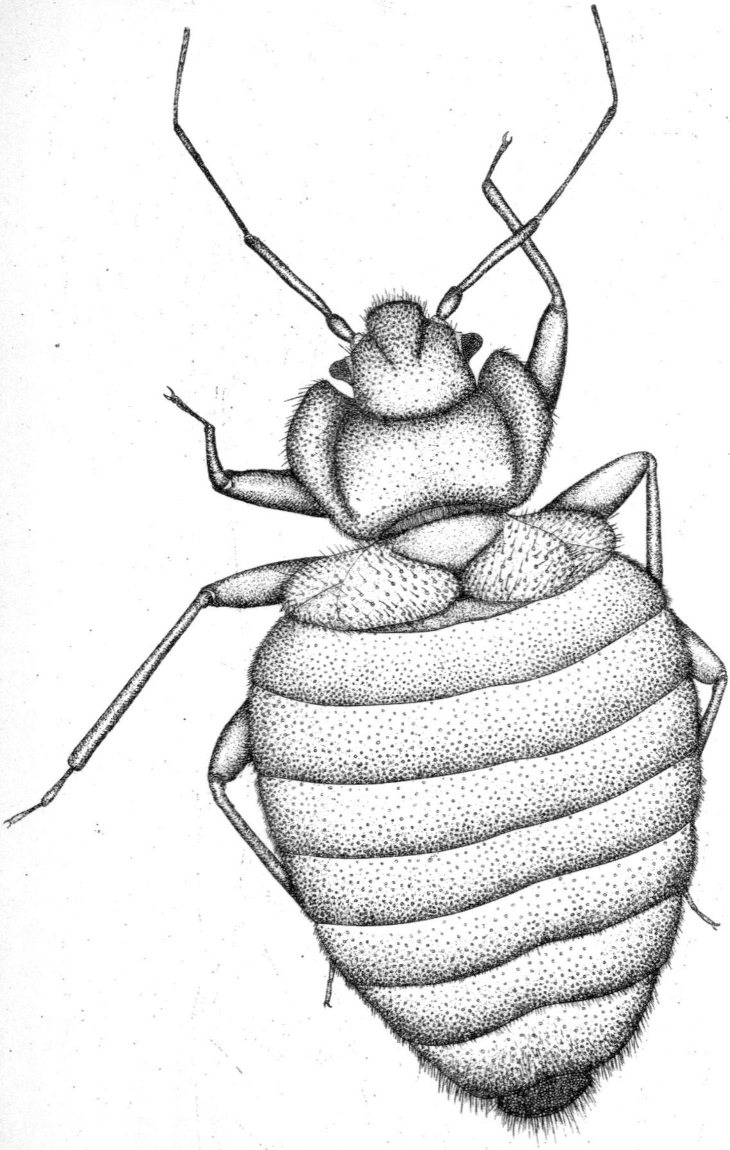

（苦痛）

トコジラミ(ナンキンムシ)
Bed Bug CIMEX LECTULARIUS

体長	：4～5ミリ
科	：トコジラミ科
生息場所	：巣や洞窟など、暖かく乾燥した場所で、食料源に近いところ
分布地	：世界各地の温帯

　トロントの医師のもとに、疲労を訴える60歳の男性がやってきた。男性は糖尿病を患っており、断酒してわずか1年の元アルコール中毒者で、かつてはクラックコカイン常習者だったので、疲労など大した問題ではないはずだった。だが男性が重い貧血であるのに気づいた医師は、鉄剤を処方した。1ヵ月後、再び医師のもとを訪れた男性の症状はさらに悪化していて、輸血を受けてやっと帰宅できるようになった。数週間後には、さらなる輸血が必要になった。失血は原因不明で、おそろしいくらいだった。

　そこで医師はこの男性の家を訪ねてみた。原因はたちどころに明らかになった——いたるところにトコジラミがいたのだ。男性の上を這いまわっている姿も確認できた。保健所に連絡してアパートに殺虫剤を撒き、古い家具を運び出すと、男性は徐々に回復していった。

　トコジラミは夜間に移動する。温かみを感じ取り、二酸化炭素のにおいに誘われてこそこそと近づいていくのだ。触角をいっぱいに伸ばして食事——つまりあなた——に近づき、小さな爪で皮膚をしっかり摑む。しっかり摑まったところで、体を前後に揺らして針状の摂食器官、口針を皮膚に刺していく。血液が流れ込んでくる深さまで、ゆっくりと

(Painful / Bed Bug)

　皮膚に突き通していくのだ。皮下で口針を動かし、血を抜き取るのにちょうどいい大きさの血管を探りあてる。トコジラミの唾液には血が固まるのを防ぐ抗凝血成分が含まれているので、じっくりと吸血できる。自由に食事をさせておくと、5分ほど吸血してから離れていく。だが睡眠中に血を吸われたあなたがぴしゃりと叩いたりすると、トコジラミはおそらく少しばかり移動して、また血を吸う。こうしてトコジラミ独特の三連の刺し傷ができるわけだ。皮膚科医はこの刺し跡を「朝食、昼食、夕食」と呼んでいる。

　第二次世界大戦まで、トコジラミはアメリカをはじめ世界各地において、いるのが当たり前の存在だった。この頃に開発された殺虫剤のおかげで一掃されたが、最近またこの吸血性の寄生虫がはびこりだしている。トコジラミがまた姿を現した理由には、海外旅行の増加のほか、的をしぼった毒餌が好まれて薬効範囲の広い殺虫剤利用が減少したこと、そして憂慮すべきことに、トコジラミ自身の化学物質耐性があげられる。マサチューセッツ大学の研究報告によると、ニューヨーク市のトコジラミは神経細胞の突然変異のせいで、殺虫スプレーの神経毒成分にさらされても死ななくなったという。特にピレスロイド系スプレー（ジョチュウギクの花由来の天然殺虫剤を模した合成版）は、ニューヨークのトコジラミにはほとんど効かず、一方フロリダ州で集めたトコジラミは、同じ薬であっさりと一掃された。

　ニューヨーク市民にとってはどんな影響があるだろうか。トコジラミは病気を媒介するとはみられていないが、刺し傷がアレルギー反応を引き起こして、腫れやかぶれがみられる場合があるほか、引っ掻き傷から二次感染するおそれがある。蔓延すると、特に子どもや病弱な

(苦痛)

人は、ひどい失血から貧血になりやすい。睡眠不足と精神的苦痛だけでも、深刻な精神的問題が起こり得る。

皮膚科医はこの刺し跡を「朝食、昼食、夕食」と呼んでいる

　トコジラミはエサなしでも最長1年間は生きられる。自然界では、獲物のそばで巣や洞窟に住みついている。都市部では、室内装飾用品、緩んだ壁紙、絵の裏の乾燥した暗い場所、電球のソケットの中を好む。きわめてひどい大発生の場合は、布飾りの房にトコジラミの糞のしたたりが見られる場合もある。大発生した家には、トコジラミの臭腺から放たれる甘ったるい異臭が立ちこめている。この虫が分泌する化学物質、ヘキサノールとオクタノールはほかの個体とのコミュニケーションに用いられているが、そのにおいが証拠になって、人間にはわからなくても、訓練された犬は嗅ぎつける。においはコリアンダーに似ているといわれる——実際「コリアンダー」の語源は、ギリシャ語で「虫」を意味する「コリス（$Koris$）」だ。トコジラミが人間について移動することはほとんどないが、あまり着替えない浮浪者には、どこまでもつきまとって、衣服の中や伸び放題の足の爪の下に卵を産みつける場合がある。

　トコジラミの発生を抑えこむのは、特にアパートでは容易ではない。配管や漆喰のひび割れを伝って部屋から部屋へ移動するからだ。都市に住む人々は、やっかいなヒッチハイカーをおそれて中古家具を買

〈Painful / Bed Bug〉

わなくなりつつあるし、マットレス会社は苦い経験を通じて、使用済マットレスの引き取りと新品の運搬を同じトラックでおこなうと、トコジラミを駆逐どころか延々とのさばらせてしまうことを学んだ。

　見込みがありそうなあたらしい駆除方法として、昔ながらの（散らばるが毒性のない）乾燥剤の粉に、トコジラミのフェロモンを混ぜる方法がある。これはいわゆる警報フェロモンで、トコジラミを動きまわらせ、乾燥剤に体をしっかりさらして、干からびさせて殺す効果がある。もっと自然な害虫駆除方法もおのずと浮かんでくる——ゲジ（*Scutigera coleoptrata*）はトコジラミを餌にするし、「仮面の狩人」と呼ばれるクビアカサシガメの一種（*Reduvius personatus*）も、トコジラミから血液を奪って食する。

{近縁種｝トコジラミ科にはトコジラミのほか、バットバグやバードバグも含まれる。いずれも獲物の血液のみを栄養源に生きている。

（苦痛）

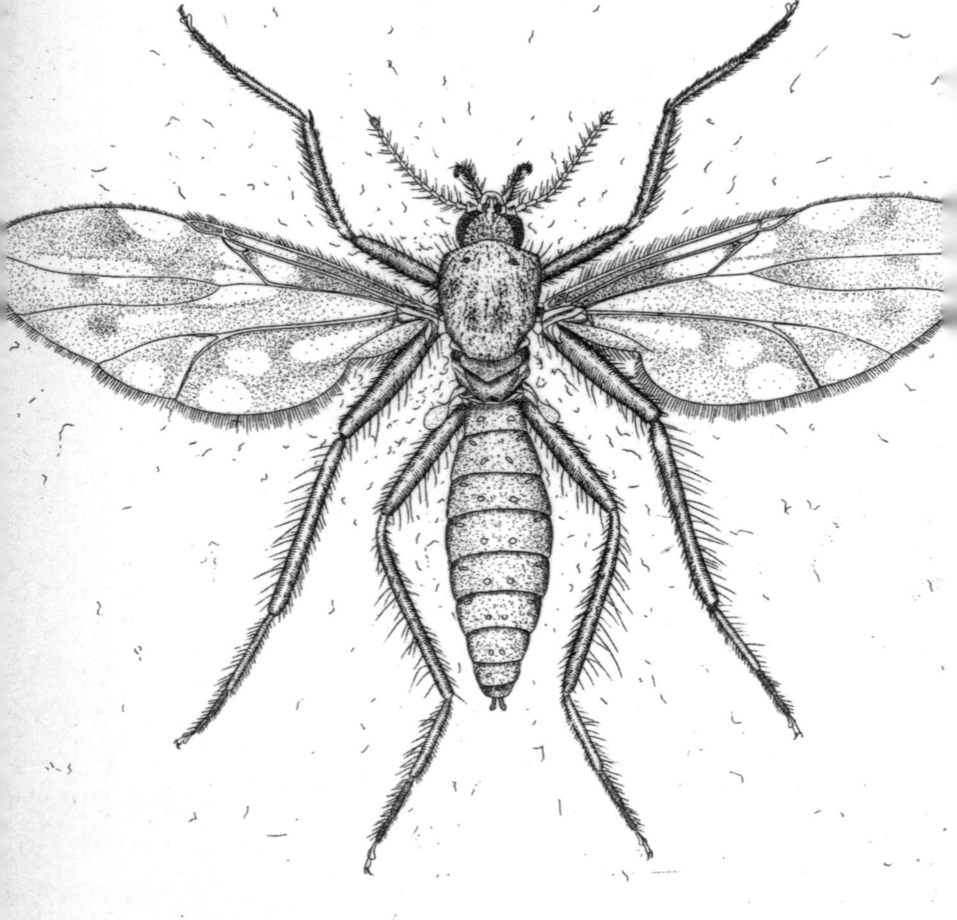

（苦痛）

ヌカカ
Biting Midge CULICOIDES SPP.

体長	：1～3ミリ
科	：ヌカカ科
生息場所	：岸辺、湖、沼など湿地帯。湿度の高い温暖な地域で最も活発に活動
分布地	：おもに北アメリカ・南アメリカ、オーストラリア、ヨーロッパ。しかし世界各地で見られる

「一匹のヌカカは昆虫学的に興味深い存在だが、千匹いると地獄だ！」クイーンズランド州の研究者、D・S・ケトルの言葉だ。その通り——ヌカカはオーストラリアのクイーンズランド州で深刻な被害を出しており、地価まで引き下げている。2006年の調査によると、この吸血性の小さなやっかいものは、魅力的なハーベイ・ベイの不動産価格を2,500万～5,000万ドルも引き下げた。ハーベイ・ベイの新興住宅地は水に浸るマングローブに近く、ヌカカに悩まされるはめになったのだ。

あまりにやっかいな虫に腹を立てた家主たちは、市役所に詰めかけて対策を講じるように求めた。地元役人のもとには、暴力に訴えるという脅迫もあった。まもなく、脅威に立ち向かうためにヌカカ調査委員会が組織された。委員会の報告によると、「生活の場にヌカカがいることが負担で、複数の家庭の結婚生活が破綻した」という。ゴルフコースで楽しく午後を過ごすかわりに、屋内で多くの時間を過ごさざるを得なかったからだろう。委員会が打ち出したヌカカとカに効く殺虫剤の散布計画は、オーストラリアの環境保護当局の要件も満たしており、地元民の怒りも和らいだ。

アメリカでは「no-see-um（見えない）」という別名で浸透しているヌ

（Painful / Biting Midge）

ヌカカは、微小な体の黒いハエで、岸辺や湖のあたりに集まって、休暇を過ごす人々をひどく苛立たせる（サンドフライと呼ばれる場合もあるが、本物のサンドフライはまったく別の昆虫だ）。

ヌカカは血だまりから吸血するプールフィーダーとして知られている。わざわざ血管を探すかわりに皮膚を傷つけて、にじみ出す血をいただくやり方を好むのだ。咬傷(こうしょう)がアレルギー反応を引き起こすと、醜く腫れ上がった赤い跡が残る。この反応は「スイートイッチ」と呼ばれており、オーストラリアでは「クイーンズランドイッチ」ともいう。吸血するのはメスのみだが、オスは食事にやってくるメス目当てに人間に群がるため、被害者の立場からすると、絶えず襲われているような印象を受ける。

一匹のヌカカは昆虫学的に興味深い存在だが、千匹いると地獄だ！

メキシコ湾や太平洋岸のキャンプ愛好家や、砂浜を好む人や、ゴルフを楽しむ人たちは、昔から夏になるとヌカカの攻撃に悩まされてきた。スコットランドに分布するヌカカの一種、通称ハイランドミッジ（*Culicoides impunctatus*）はあまりに攻撃的で、夏は旅行客がハイキングやゴルフに出かけるのを思いとどまるほどだ。地元の害虫駆除業者はスコットランドヌカカ予報を立ち上げ、天候をもとにヌカカの発生予測をして、旅行者の旅の計画の助けになっている。

ヌカカはアメリカでは人間の病気を媒介しないと考えられているが、ブラジルやアマゾン周辺では、カもヌカカもデング熱に似た病気、オロ

（苦痛）

プーシェ熱（ひどいインフルエンザのような症状が出るが、たいてい完治する）を媒介している。ブラジルの一部地域では、オロプーシェ熱を起こすウイルスの抗体を持つ人が、人口の44パーセントを占める。

ヌカカは咬傷からマンソネラ属の寄生線虫を伝播する場合がある。この小さな線虫はたいていの場合気づかれないまま人体に住みつくので、診断は困難だが治療も急を要しない。最近の研究で、この線虫には体内に豊富な細菌が必要であることが発見された。西アフリカのある村で患者にさまざまな抗生物質を投与したところ、線虫の体内の細菌が死に、線虫も死んだのだ。だがこの病気の症状は比較的軽く、かゆみ、かぶれ、疲労が起きるのみなので、抗生物質を大量投与してまで線虫を除く必要はなさそうだ。

世界中の畜牛にとってヌカカは重大な脅威で、ブルータンという病気を媒介する。高熱、顔および口内の腫れを起こし、舌が青くなるのが特徴だ。この病気はヌカカとともに世界中に広まり、現在ではヌカカの北方への移動につれてさらに北へ広まりつつあり、気候変動が原因ではないかと考えられている。

{類縁種} ヌカカはハエの仲間で、ブユ、カなど吸血性の小さな害虫の近縁である。およそ4千種のヌカカが世界各地に分布している。

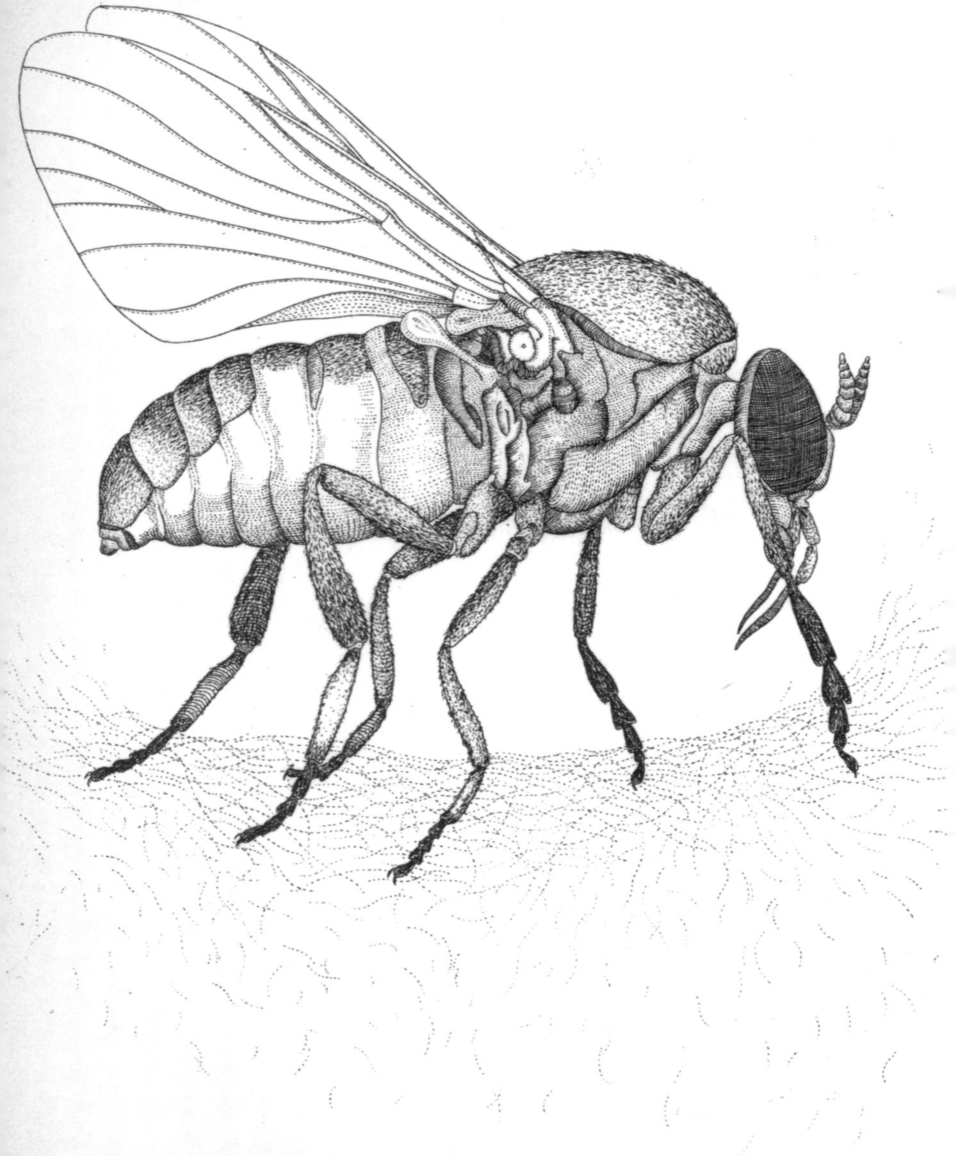

〈危険〉

ブユ（ブヨ）
Black Fly SIMULIUM DAMNOSUM

体長	：2〜5ミリ
科	：ブユ科
生息場所	：流れの速い川の近く
分布地	：アメリカ、カナダおよびヨーロッパ、ロシア、アフリカに多様な種が生息

　1970年代まで、西アフリカの河川沿いで生活する村人の3分の1は、成人前に失明していた。子どもたちが縄を引いて、目の見えない大人を案内している様子を撮影した写真から、このあたりの肥沃な谷では失明がごく当たり前のことだとわかる。結局村人は、この土地を離れるしかなかった。肥沃な土壌を利用して農業をしていたかれらにとっては、苦渋の決断だった。この悲劇をもたらしたのが、ブユだ。第一線で活躍する衛生昆虫学者が「世界で最もしつこく、士気をくじく刺咬昆虫の一種」と呼ぶ昆虫である。だが責められるべきはブユのみではない。このおそろしい病気、河川失明症（別名オンコセルカ症）を起こす真犯人は、回旋糸状虫（*Onchocerca volvulus*）という細い蠕虫様の生き物だ。

　メスのブユは、流れの速い河川の水面に卵を産みつける。幼虫に必要な酸素が水中にたっぷり含まれているからだ。卵から孵った幼虫は水中で蛹化し、完全な成虫となって水から出てくる。メスはただちに1回だけ交尾をおこなって、それから餌となる恒温動物を必死に探しもとめる。人間か動物の血を飲まなければ、卵を育むのに充分な栄養分がとれないのだ。成虫の寿命は1ヵ月で、その間に川に卵を産みつけ、

(Dangerous / Black Fly)

このサイクルを繰り返していく。1日に1キロメートル当たり10億個の卵が生みつけられる川もある。

1923年には、カルパティア山脈南部を流れる
ドナウ川沿いで、とてつもないブユの大群に襲われて
2万2千匹の動物が死んでいる

　ブユは「意志の強い食者」で、満足するまでしっかりと餌に摑まって離れない。大発生している地域で襲撃されると、1時間に2、3百個の咬み跡がつく。ブユの大群に襲われて耳や鼻や目や口に入り込まれると、動物なら窒息する場合もあるし、何とか逃げようと走って、崖から落ちてしまう場合もある。ブユに襲われた家畜が失血死、つまり血を失って死亡した例もある。大群に襲われると、ブユの唾液に含まれるさまざまな化合物が神経系にショックを与える症状（シミュリオトキシコシス）を起こし、やはり2、3時間で死に至る。1923年には、カルパティア山脈南部を流れるドナウ川沿いで、とてつもないブユの大群に襲われて2万2千匹の動物が死んでいる。

　だがブユの血に飢えた短い生涯の中で最も注目すべき点は、回旋糸状虫という線虫が寄生している人間から吸血したブユは、異様に複雑な病気の伝播サイクルに加わるという事実だ。若い線虫——幼虫前期はミクロフィラリアと呼ばれる——は、人間の血中を泳いでいる間は成長も発達もできない。ブユの吸血時にその体内に取り込まれて、ようやくつぎの段階に成長できるのだ。体内に入ると唾液の中へ移動

〈危険〉

して、ブユがふたたび食事するのを待つ——また人体の中に戻らなければ、成虫にはなれないからだ。

ヒトからブユ、そしてまたヒトへと複雑な旅をうまく乗り切ると、ミクロフィラリアはようやく成虫になって、体長30センチ以上に成長する。成虫は皮下に瘤をつくってそこに最長15年間落ち着き、交尾して、次世代を一日当たり千匹も生み出しつつ過ごす。

では、こうして生まれた子たちはどうなるのだろうか。ほとんどはつぎの成長段階に進むために行かなければならないブユの内臓に運良くたどりつくこともなく、幼虫のまま人体を1、2年泳ぎ回って生涯を終えるしかない——が、これが宿主をひどい症状で苦しめる。宿主の眼の中に入り込み、視力を失わせる。皮膚の色素は抜け、皮疹や組織損傷がいきなり現れる。この小さな虫の起こすかゆみはあまりに強烈で、住みつかれた人はかゆみをかき消そうと無謀にも棒や石で皮膚を裂いてしまうほどだ。引き裂いた傷が細菌感染を起こし、眠れなくなって不幸にも自殺してしまう人もある。

人間か動物の血を飲まなければ、卵を育むのに充分な栄養分がとれないのだ

感染者は世界に1,770万人いて、多くはアフリカとラテンアメリカに住んでいる。このうち27万人が失明しており、50万人は重度の視力障害を抱えている。この病気への対策のひとつがブユ退治で、DDTが入手できた1950年代はこれがうまくいった。だがブユはDDT耐性

〈Dangerous / Black Fly〉

を獲得したし、DDT自体も食物連鎖の中で蓄積されて有害なほどになってしまった。現在では自然界に存在する特定の細菌株（バチルス・チューリンゲンシス〔*Bacillus thuringiensis* var. *israelensis*〕）が使われているが、すでに感染している大勢の患者には効果がない。

　動物用駆虫薬のイベルメクチンは、ミクロフィラリアにも有効であることが確認されているが、成虫には効かない。イベルメクチンの製造会社メルク社は、この薬を無償で公衆衛生団体に提供しており、患者にはこれらの団体から薬が年に1回配布されている。成虫が死に絶えてしまえば——10年以上かかる——治療をやめられるが、幼虫を抑えこんで病気の伝播を防ぐには、繰り返し投与が必要だ。この計画は当初アフリカの数ヵ国のみで実施されていたが、非常にうまくいったことから、一度は村人が離れた谷の川沿いにも住人が戻りつつあり、アフリカやラテンアメリカのほかの国々でも薬の配布が始まっている。

{**類縁種**} ブユは世界中に700種超いるが、人間や動物に害を及ぼすのはその10〜20パーセントにすぎない。すべてが病気を媒介するわけではないが、非常に不愉快な存在で、夏季には旅行産業や林業、農業など屋外仕事の妨げになっている。

(危険)

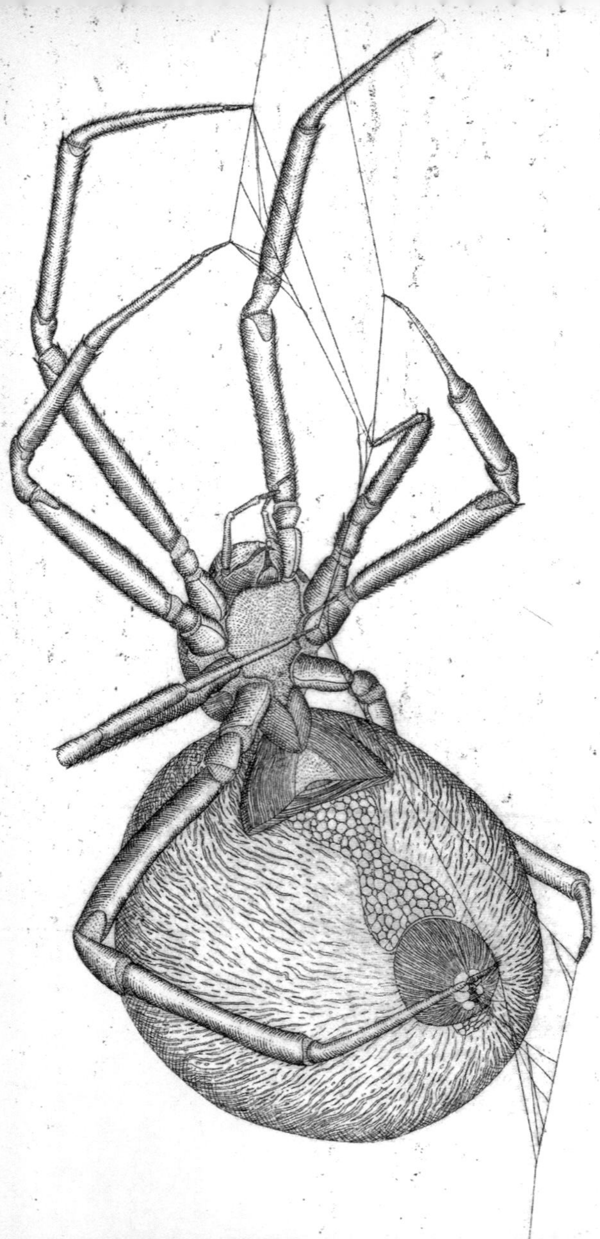

（苦痛）

クロゴケグモ *Black Widow* LATRODECTUS HESPERUS

体長	：38ミリ（脚を含む）
科	：ヒメグモ科
生息場所	：暗くひっそりした場所──薪や石の山、樹木の下、材木の山、物置、納屋、地下室周辺など
分布地	：ほぼ世界中──北アメリカ、南アメリカ、アフリカ、中東、ヨーロッパ、アジア、オーストラリア、ニュージーランド

「関係者各位」──26歳のスティーブン・ライアスキーの遺書はこう始まっていた。「みずから命を絶つときは、理由を残すものときまっている。ぼくの理由は、何より無職であること。ぼくには彼女しかいない。ものすごく愛しているけれど、ぼくにはもったいないひとだ。自分ができそこないで、成功していないことを恥じる。ローズに神の恵みを。さようなら」。

かれが1935年に図った自殺の動機は、そうめずらしいものではなかったが、やり方は一風変わっていた──クロゴケグモに咬ませたのだ。ライアスキーのベッドの下の段ボール箱には、クロゴケグモと一緒に書類が入っていて、このクモがカリフォルニア州で購入された商品であること、咬まれると致命的で治療法はないとの保証つきだったことがわかった。

ライアスキーは2日後に死んだ。枕の下からは睡眠薬の瓶が見つかり、死因はクモではなく睡眠薬だったと病院関係者たちは断定した。だが時すでに遅く、「クロゴケグモ自殺」はすでに全国の注目の的になっていた。ニュースではクロゴケグモによる死亡例の報告がいくつかとり

(Painful / Black Widow)

あげられて、脚光を浴びていた。テキサス州のあるルポライターは、クロゴケグモを使った自殺は不可能だと示すために、みずから実験台になって咬ませようと試みた（不成功）。オクラホマ州では子どもを守るためという名目で、このクモを排除する委員会が組織された。1939年にはロンドン動物園が、飼育していたクロゴケグモ、有毒ヘビ、有毒昆虫を殺処分した。空襲の際に逃げてしまう可能性を考慮したのだ。

　クロゴケグモは世界で最も有名で、おそれられているクモといえるだろう。北アメリカ、南アメリカ、アフリカ、オーストラリア、ヨーロッパには約40種類のゴケグモが生息している。メスの体は黒色で丸みを帯びており、（必ずというわけではないが）腹部に赤い砂時計型の模様があるのが特徴だ。オスは——小型で薄茶色をしており、メスには似ていない——このおそろしい生き物のエピソードを語るうえでは、添え物のような存在だ。

**1939年にはロンドン動物園が、飼育していた
クロゴケグモ、有毒ヘビ、有毒昆虫を殺処分した。
空襲の際に逃げてしまう可能性を考慮したのだ**

「後家」グモという名前がついたのは、交尾の後で必ずメスがオスを食べると考えられていたからだが、この行動がよく見られるのはオーストラリアのセアカクロゴケグモだ。この種のクモのオスは、メスの関心を引こうと必死になるあまり、交尾を試みるうちに腹部をメスの食事として提供してしまう。オスは頭部を下にして、腹部をメスの口にもた

（苦痛）

せかけ、メスが消化液を出して食べにかかる前に、交尾をさっさと終わらせようとする。間に合わないと、まさに愛のために死んでしまうのだ。

メスは一回の交尾で、一生産卵できるだけの精子を蓄える。1、2年の生涯で卵囊（らんのう）をいくつもこしらえて、それぞれ数百個の卵で満たすのだが、成熟した個体になるまで生き残るのは数十匹のみだ。クモの子は孵（かえ）って3週間で母グモの巣にとまり、風に乗って細い糸を出して巣から離れていく。これをバルーニングという。そして風まかせに着地したところで、あたらしい巣をつくる。

クロゴケグモは、とりたてて人間を咬もうとはしない。牙はほかの昆虫を襲って消化液を注入し、獲物を溶かして飲みくだしやすくするためにある。人間を咬むように仕向けられると、皮下にほんのわずか毒液を注入する。針で刺したような痛みがあるか、まったく感じないかといったところだ。毒が神経系にまわると、初めてやっかいなことになる。クロゴケグモの毒液に含まれる毒素は、神経系に苦痛の嵐を呼び起こして筋肉痛とけいれんをもたらす。被害者には震え、めまい、頻脈あるいは危険な徐脈が起こる。特に咬み跡のまわりに発汗する場合もある。医学的には、この症状はゴケグモの学名（ラトロデクタス）にちなんで「ラトロデクティズム」と呼ばれている。

命に関わるのはまれだが、咬まれると苦痛を伴い、体力を消耗するので治療を受けることが望ましい。重症の場合は、クロゴケグモの毒素を注射されたウマの血清由来の抗毒素を投与される場合もある。この毒素を入手するには生きたクロゴケグモから「絞り取る」しかない。クモに軽い電気ショックを与えて毒液を出させ、細い管で吸いこむという骨の折れる作業だ。電気ショックを与えると吐いてしまうことが

（Painful / Black Widow）

多いので、口から吐き出す吐瀉物と毒液を二重の吸引システムで分ける必要がある。

　クロゴケグモは閉じこめられたと感じると、咬む性質がある。トイレが屋外にあった時代は、便座の下に隠れたクモが、逃げ場を遮られて咬みつく場合が多かった。ありがたいことに屋内トイレが普及したおかげで、最近では激痛を伴う攻撃を最も敏感な場所に受けることもなくなっている。

{類縁種} ゴケグモ属には約30種が存在。さまざまな科に属する造網性のクモ（網を張るクモ）の一種である。

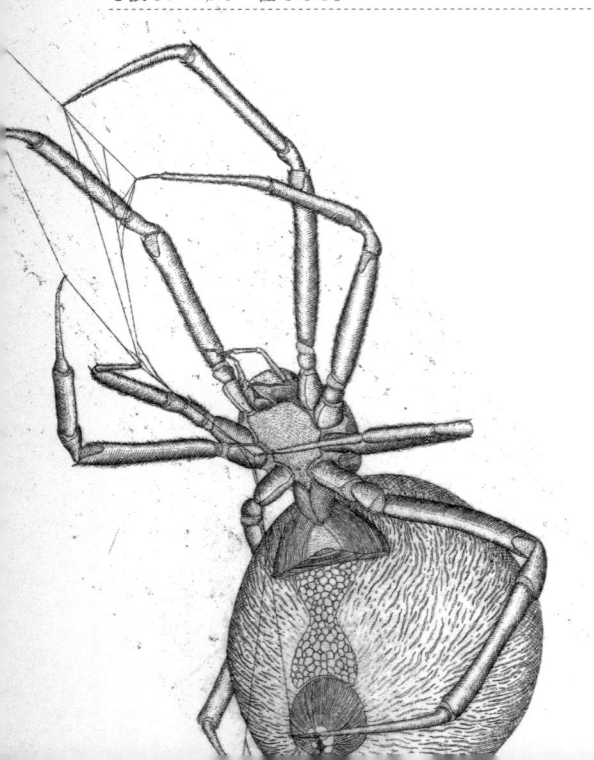

（苦痛）

● 毛虫

　ペルーで休暇を過ごして帰国した22歳のカナダ人女性の両脚に、奇妙なあざができた。4日間様子を見てみたが、あざは小さくなるどころか大きくなった。ほかにはまったく健康に問題はなかった。医師から旅行中に何か変わったことがなかったか尋ねられた彼女は、1週間前にペルー国内を裸足で歩いていて毛虫を5匹踏んでしまったと答えた。すぐに腿まで激痛が走り、歩くと痛んだ。頭痛もした。だが翌日にはよくなったし、医者に診てもらおうとは思わなかったという。あざが現れたのは帰ってからだ。手のひらくらいの大きさのものもあって、さらに大きくなりつつあった。医師たちは毛虫の刺傷に関する資料を調べ、ブラジルに分布する種が原因かもしれないと気づいた。そこで現地の病院に連絡してブラジル製の抗毒素をカナダに送らせるように手配した。届くまでに2日を要するとのことだった。

　だが入院して3日目――毛虫に刺されて10日後、ブラジルから抗毒素が届くまで数時間――女性は腎不全と肝不全に陥った。血液がうまく凝固しなくなった。抗毒素を投与したときには、すでに多臓器不全に陥っていた。彼女はその日のうちに死亡してしまった。毛虫による死亡例はきわめてまれで、原因となる毛虫はわずか2、3種しか知られていないが、苦痛を与える防御法で身を守る毛虫はたくさんいる。

(Painful / Stinging Caterpillars)

ベネズエラ・ヤママユガ
FIRE CATERPILLAR　*Lonomia obliqua* and *L. achelous*

　おそらく前述のカナダ人女性を死亡させた種である。*Lonomia obliqua*はおもにブラジル南部、*Lonomia achelous*はブラジル北部やベネズエラなどに生息している。緑と茶と白色の毛虫で、小さなサボテンのトゲに似た細かい毛に覆われている。地面や木の幹に群がる傾向があるため、素足で歩いたり、木に寄りかかったりすると同時に数匹に刺される場合がある。強力な毒素を放出して、ひどい内出血や臓器不全を起こす。ブラジルで開発された抗毒素が有効だが、刺されて24時間以内に投与しなければならないため、すぐに診察を受けることが重要。ブラジルの研究者たちは、森林破壊のせいで人間がこの毛虫に接触する機会が増えたと考えている。ジャングルの伐採が進むにつれて、人口の多い地域に進出してきて、果樹園で食料源になる木を探している。公衆衛生当局によると過去10年間に444人が刺され、7人が死亡している。

マイマイガ
GYPSY MOTH CATERPILLAR　*Lymantria dispar*

　ヨーロッパ種の侵略的なガで、ペンシルベニア州北部の学童たちに謎のかぶれを負わせた犯人だ。1981年の春、ルザーン郡のふたつの学校の生徒のおよそ3分の1の腕、首、脚に炎症が現れた。医師たちは剝離物と咽頭培養物で感染症検査をしたが、何も見つからなかった。最後に炎症が出ていない生徒たちを呼んで、林でどのくらい遊んだか尋ねてみた。そして炎症がある生徒たちに同じ質問をしたところ、屋外での遊びと謎の発疹には密接な関係があることがわかった。こうして皮疹を起こした原因は、この2校の周辺にある林に密集しているマイマイガの幼虫だと断定された。

　マイマイガの幼虫の長い絹のような毛がもとで起こる炎症は痛みを伴うが、

（苦痛）

長期的な害は及ぼさないと考えられている。しかしこの毛虫は、森林には大きな被害を与える。この30年間、年間4千平方キロメートル超の広葉樹林が破壊されてきた。この毛虫は樹木を枯らしはしないが弱らせるので、弱った樹木が病気にやられてしまうのだ。マイマイガの幼虫と成虫は、カナダやアメリカ東海岸から、西はミシガン州、オハイオ州、ミネソタ州、イリノイ州、ワシントン州、オレゴンに至るまで広い地域で発見されている。

オオイナズマ
ARCHDUKE CATERPILLAR　*Lexias* spp.

　東南アジアに生息する美しいチョウで、蝶園やチョウの標本でしばしば見られる存在。成虫の翅はおもに黒色で、青や黄色や白の模様がある。幼虫を原産国や蝶園以外の場所で見かけるのはまれ。体は黄緑色で、松葉のように外向きに伸びたきわめて鋭いトゲに覆われている。このトゲのよろいは捕食者から身を守り、小さな幼虫が餌を探すきょうだいに食べられるのを防いでいる。

プスキャタピラ
PUSS CATERPILLAR　*Megalopyge opercularis*

　小さなペルシャ猫のような外見にだまされてはいけない。フランネルモス、アスプモスとも呼ばれる、北アメリカで最も強い毒をもつガの幼虫の一種だ。長くやわらかな金茶色の毛をなでると、この毛が皮下に埋めこまれて焼けるようなひどい痛み、炎症、水ぶくれを起こす。痛みは手足から広がり、最もひどい場合は吐き気、リンパ節の腫れ、呼吸困難を起こす。ほとんどの人は1日で回復するが、重症の場合は症状がおさまるまで数日かかる。この毛虫に刺された経験者は、骨折したかハンマーで殴られたような痛みだという。予期せぬときに強い痛みに襲われて、パニック発作を起こす人もある。

(Painful / Stinging Caterpillars)

特別な治療法は存在せず、氷嚢(ひょうのう)、抗ヒスタミン剤、クリームや軟膏を用いる。テープを皮膚に当てると毛を抜き取れる場合もあるが、それでも症状はほとんど改善しない。幼虫は晩春や初夏にアメリカ南部一帯で見られる。夏に現れる成虫も毛に覆われていて、ふわふわした大型のハチのような外見をしている。

イオメダマヤママユ
IO MOTH CATERPILLAR *Automeris io*

野生のイオメダマヤママユは、カナダのオンタリオ州南部、ケベック州、ニューブランズウィック州からアメリカではノースダコタ州、サウスダコタ州、アリゾナ州、ニューメキシコ州、東はテキサス州に及ぶ広い地域に生息しており、これらの地域ではおなじみの存在である。後翅(こうし)に目玉のような大きな斑紋があり、自然風景を撮る写真家に好まれる。だが幼虫も興味深い——そしておそろしい存在だ。黄緑色の体を覆う肉質の突起から、先端の黒いトゲのかたまりが伸びている。刺されると痛むが、害はない。しかし強いアレルギー反応を起こし、治療を要する場合もある。

サドルバックキャタピラ
SADDLEBACK CATERPILLAR *Acharia stimulea*

寸詰まりでずんぐりした茶色の体の背中から両脇にかけて、緑色の「鞍(サドル)」模様があって、その中央に紫の斑紋がある。頭部、後部、腹部の脇を守るようにトゲのかたまりが生えている。刺されるとハチの刺傷のような痛みがある。アメリカ南部一帯に分布しており、幼虫が見られるのは春で、7、8月にはこげ茶色の成虫が飛ぶ姿が見られる。

小さなペルシャ猫のような外見に
だまされてはいけない

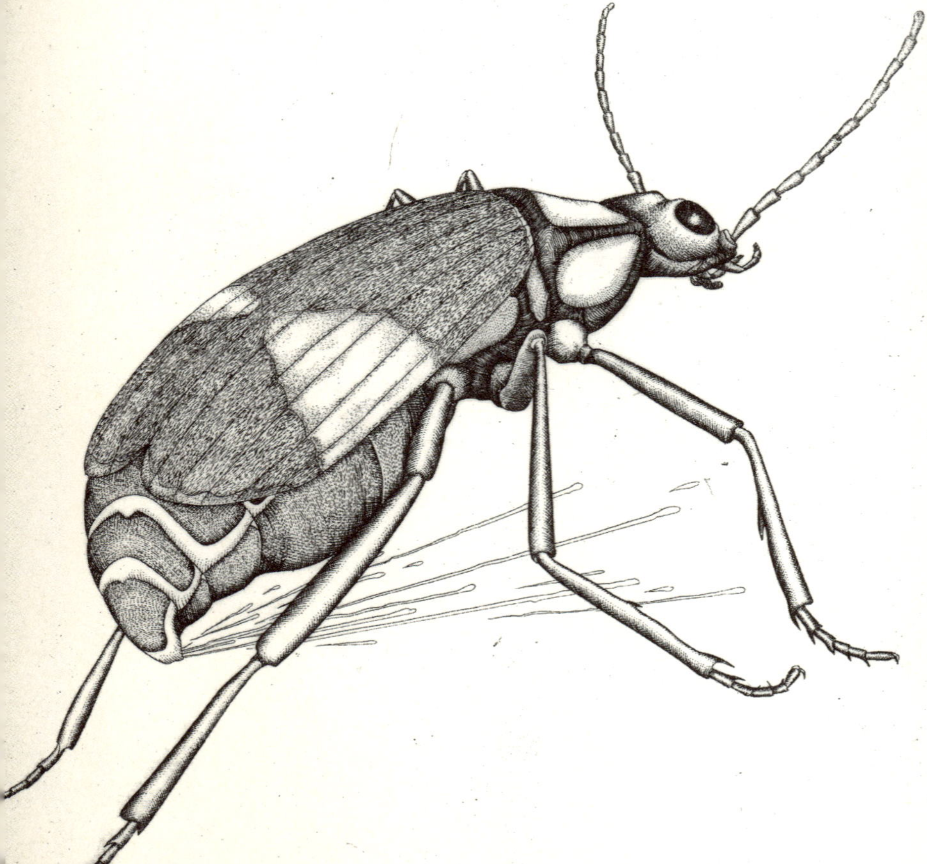

(苦痛)

ボンバルディアビートル
Bombardier Beetle

STENAPTINUS INSIGNIS

体長	：最大20ミリ
科	：オサムシ科
生息場所	：砂漠から森林まで、多様な環境
分布地	：北アメリカ・南アメリカ、ヨーロッパ、オーストラリア、中東、アフリカ、アジア、ニュージーランド

　1828年、ケンブリッジ大学で学んでいたチャールズ・ダーウィンを魅了したものは、学内ではなく戸外にあった。当時のイギリス人青年の多くと同様に、かれも甲虫の収集に熱心だった。イギリスの郊外での虫採りは、きわめて平凡な娯楽のようだが、それでもダーウィンはやっかいごとに巻き込まれ、野外調査中に興味深い発見をしている。
「ある日のこと。古木の樹皮を剝いでいると、めずらしい甲虫を2匹見つけたので、両手で1匹ずつ捕まえた。そのとき目に入った3匹目は新種だった。何としても逃がすわけにいかなかったので、わたしは右手につかまえていたやつを口に放りこんだ。悲しいかな！　そいつが出した強い刺激のある液体に舌を灼かれて、わたしはその虫を吐き出すしかなかった。結局3匹目もとり逃がしてしまったのだ」。
　ダーウィンが口に入れた甲虫は、ボンバルディアビートルという甲虫の一種とみてほぼまちがいないだろう。この昆虫を摑むと、驚くほど大きな音がぽんと鳴って、大砲のような体の後部から刺激性の熱い液体が噴き出すのだ。

(Painful / Bombardier Beetle)

生きた昆虫を口の中で保管するほど大慌ての収集者は別として、ボンバルディアビートルは、人間にはほとんど危害を及ぼさない。しかし敵——アリ、大型の甲虫、クモ、カエルや鳥——は、この爆撃手に狙われると恐れおののいて逃げ出すのだ。

ボンバルディアビートルは
自動小銃のように敵に攻撃を繰り返し、
1秒当たり500〜1,000回噴射する

　この虫が敵と交戦するしくみには、兵器製造会社も関心をもつだろう。ボンバルディアビートルには、ハイドロキノンを蓄えておく腺がある。非常に刺激の強い化学物質1,4-ベンゾキノン(これを敵に噴射する)の前駆体だ。そしてこの腺には、過酸化水素も入っている。このふたつの物質は触媒と混ざらないかぎり反応しない——攻撃を受けたとき、はじめて触媒が混ざるのだ。腺の内容物は反応室に押し出されて触媒と混ざり、化学変化を起こして沸点に至る。この反応で圧力が生じて、大きな音とともに反応室の内容物を噴き出す。この現象を精密にとらえた記録によると、ボンバルディアビートルは自動小銃のように攻撃を繰り返し、1秒当たり500〜1,000回噴射するという。

　皮肉なことにチャールズ・ダーウィンを襲った虫は、その後ダーウィンの進化論を攻撃するのに用いられてきた。創造説支持者やインテリジェントデザイン説[*1]支持者たちは、この虫の防御機構はあまりに複雑で、次第に進化を遂げたとは考えられないと主張する。むしろ反応

　　　　　　　　　（苦痛）

　室のしくみは「単純化できない複雑さ」で、各器官が突然変異によって個別に進化していれば、これほど並外れて洗練されたやり方で共に機能するはずがないというのだ。たびたび登場する誤った意見のひとつに、過酸化水素とハイドロキノンは虫の体内に別々に蓄えられており、混ざると虫は爆発してしまうので、各器官が徐々に進化を遂げるのは不可能だという主張がある。この生体構造解説の誤りは昆虫学者たちが指摘している通りだ。このふたつの物質は一緒に蓄えられていて、噴射前に触媒と混ぜられている。また、この虫の攻撃原理の多くはすでにさまざまな種に見られることから、この強力な兵器は見かけほど異常ではないという指摘もある。

　ボンバルディアビートルは約500種確認されており、世界各地の板材、樹皮、浮石の下などに生息している。夜は開けた場所を這いまわり、湿地を好む。洗練された防御機構のおかげで2、3年生き延びる場合もある。アフリカン・ボンバルディアビートル（*Stenaptinus insignis*）が見事なのは、鮮やかな黄色と黒の模様だけではない。体の後部をくるりと270度まわし、ほぼあらゆる方向に液体を噴射して攻撃者を倒せるのだ。

{近縁種} オサムシ科には3,000種以上が存在し、世界各地に分布している。

＊1　宇宙や生命のなりたちは、偉大なる知性によって設計されたものとする説。

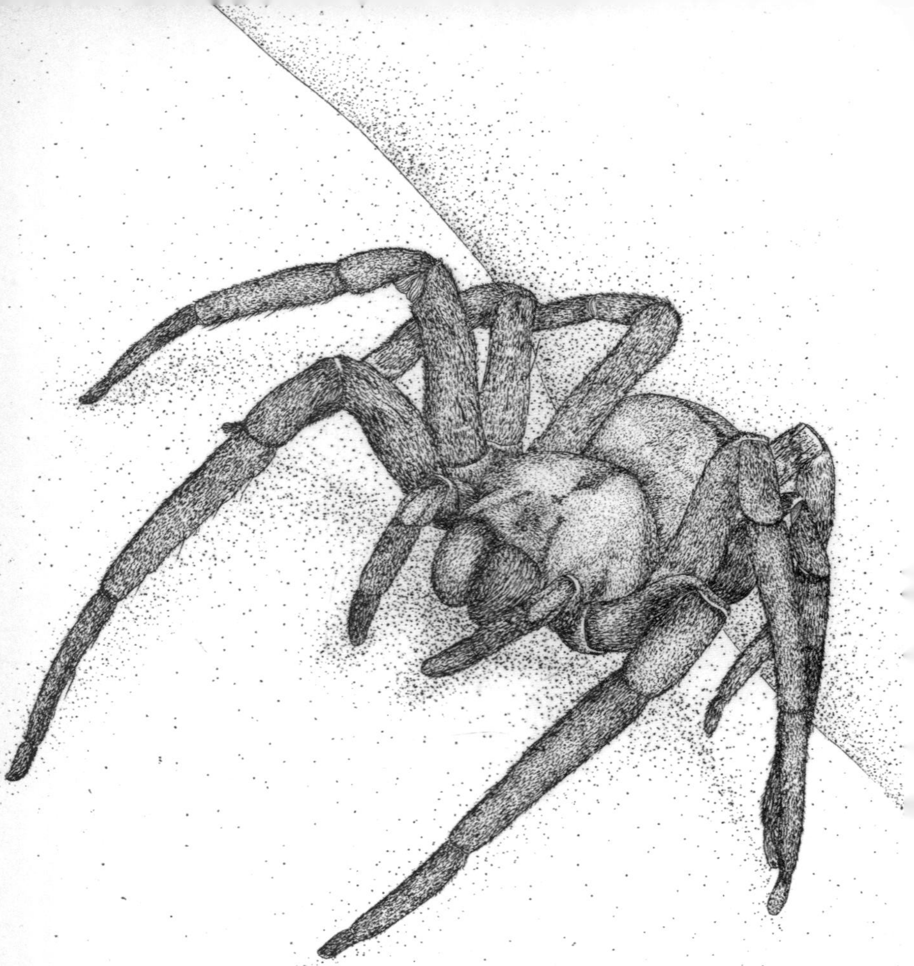

（苦痛）

ドクシボグモ
Brazilian Wandering Spider
PHONEUTRIA SP.

体長	：150ミリ（脚を含む）
科	：シボグモ科
生息場所	：ジャングル、熱帯林、材木の山や物置など、暗くひっそりした場所
分布地	：中央アメリカ、南アメリカ

　その日も、リオデジャネイロ空港ではありふれた1日になるはずだった。乗客の荷物はセキュリティチェックを支障なく通過して、いつも通りビキニ、サンダル、日焼けローションといった内容物がX線検査装置に映し出されていた。だがあるスーツケースのせいで、保安検査所の機能はすっかり停止してしまった。X線装置が映し出した画像では、小さな曲がった脚の生き物が何百と入っているように見えたのだ。

　だれかが殺人グモをブラジルから密輸しようと図ったのだ。スーツケースには小さな白い箱が念入りに詰められており、その一つひとつに生きたクモが1匹ずつ入っていた。持ち主のウェールズ人青年は、自分のクモ専門店で売るために持ち帰るところだったと主張した。青年の荷物からは、全部で千匹のクモが発見された。手荷物にも詰めこまれていたことから、もし飛行中にクモが逃げ出して乗客の頭上の手荷物入れからぽつぽつと下りてきたら、想像を絶する混乱が起こっただろうとブラジルの保安担当者は語った。

(Painful / Brazilian Wandering Spider)

　研究所に送って調べたところ、これらはそんじょそこらのクモではなかった——青年が集めたクモの中には、世界で最も危険といわれるドクシボグモがいたのだ。

　このくすんだ茶色の大型のクモがほかと異(こと)なるのは、巣を張って獲物が迷い込むのを待とうとしない点だ。ジャングルの地面を徘徊(はいかい)し、ときには街の中にも繰り出して、夜遅くまで獲物を狩る。たいていのクモはこの侵略者の姿を一目見ると慌(あわ)てて走り去ろうとするが、一方ドクシボグモは一歩も退かず、後ろ脚で立ちあがって戦いを挑む。この種のクモを叩いてやっつけるときは、一撃で殺すつもりでやったほうがいい。箒(ほうき)で叩いても死ななかったら、柄(え)をするすると登ってきて咬(か)まれてしまうかもしれないからだ。

もし飛行中にクモが逃げ出して乗客の頭上の手荷物入れからぽつぽつと下りてきたら、想像を絶する混乱が起こっただろう

　咬まれるとすぐに激痛がはしり、呼吸困難、麻痺、そして窒息を起こす。さらに変わった症状のひとつが、持続的な勃起だ。残念ながらこれは性的興奮ではなく、猛毒が注入された証拠だ。ドクシボグモに咬まれたと思われる場合は、すぐに診察を受けなければならないが、適切な処置とささやかな運があれば、命は落とさずに済む。

　フォニュートリア属の8種類のクモは、すべて中央アメリカおよび南アメリカ各地に分布している。眼が8個あるのが特徴で、うち4個は顔

〈苦痛〉

の前面に四角を描くように配置されている。この8種のクモの毒性はそれぞれ異なり、咬まれた人のほとんどは軽い痛みを感じるのみで、全快する。しかし最も毒性が強い種は命取りになるし、幼い子どもや高齢者はとりわけ危険だ。

　ときにバナナの木に登って獲物を狩り、結果的に積荷のバナナにまぎれて密航することから、このクモには「バナナスパイダー」の別名がある。同じようにバナナなどの積荷にまぎれこむ外見の似た無害な種も多くあり、正しく識別できる研究者はほんの一握りしかいない。したがって輸入農産物にまぎれたフォニュートリア属のクモの咬傷（こうしょう）について、報道を信じるには難があるといえる。だが、イギリスの料理人が調理場でバナナの箱を開けていて、咬まれた例がある。かれは痛みとショックをこらえて、何とか携帯電話を摑（つか）んでクモの写真を撮った。クモはあとから調理場の中で発見され、専門家が種類を確認したうえで、料理人には適切な処置が施された。かれは命を取り留めたが、1週間の入院を余儀なくされたという。

{**近縁種**} シボグモ科に属するほかのクモも、基本的に巣を張らずに獲物を狩る習性があるが、毒の威力についてはあまり知られていない。

(Painful / Curse of the Scorpion)

●サソリののろい

　サソリの刺傷は苦痛を伴うが、命取りになることはほとんどない——成人の場合は。子どもは別だ。1994年、メキシコのプエルトバラータ（プエルトバジャルタ）で休暇を過ごしていたカリフォルニア州の家族は、それを思い知らされるはめになった。生後13ヵ月の男の子が、靴の中に潜んでいたサソリを踏んでしまったのだ。男の子は泣きだし、口から泡を吹きはじめ、まもなく高熱を出した。現地の緊急治療室に運び込まれてから、何度か呼吸が止まった。やがて両親がサンディエゴ病院に連絡をとり、男の子は空路で搬送されて生命維持装置をつけられた。最終的に男の子は命を取り留めたが、一時は助かるかどうか医師たちにもわからなかった。

　小さな子どもの場合、サソリの神経毒はひきつけを起こし、筋肉の制御を失わせ、神経に影響して全身に耐えがたい痛みをもたらす。つい最近までは、保護者は子どもに毒がまわっていく間、医者が対

〈苦痛〉

症療法で可能なかぎり手を尽くし、鎮痛剤を投与するのをなすすべもなく見守るしかなかった。

　幸いなことに、現在はあたらしい治療法が臨床試験中だ。フェニックスこども病院では、鎮静剤を投与するか、あたらしい抗毒素、アナスコープを投与するか両親が選択できる。アナスコープは静脈投与して2、3時間で効果が現れ、たいていはその日のうちに痛み止めをもらって帰宅できる。この画期的な発明は、特にアリゾナ州の人々に喜ばれている。アリゾナ州では年間8千人がサソリに刺されており、うち子ども200人がひどい副作用に苦しめられているのだ。

　サソリは世界中の砂漠、熱帯、亜熱帯に生息しているクモ綱の生き物で、この綱には1,200種超が存在することが確認されている。クモの場合と同じく、攻撃してきたサソリを捕まえて確認できないかぎり、刺したサソリの種類を特定するのは困難である場合が多い。だが、避けたい種をいくつか列挙しておこう——

〈アリゾナ〉バークスコーピオン
ARIZONA BARK SCORPION　*Centruroides sculpturatus*

　アリゾナ州で最もおそれられているサソリ。アメリカ南西部とメキシコに分布していて、岩の下や材木の山に潜んでいるが、家の中にも入ってくる。体長は7、8センチ程度で、夜行性であることも手伝って、見落とされやすい。ありがたいことにサソリは紫外線のもとで光るので、ベッドの下にサソリがいないか就寝前に確認したい住民は、サソリ退治道具として市販されているブラックライトの懐中電灯を用いている。アメリカでは刺されると最も痛い種といわ

(Painful / Curse of the Scorpion)

れており、痛みは最長で72時間続き、ペットや幼い子どもには危険になりかねない。類縁種のデュランゴスコーピオン（*Centruroides suffusus*）は、チワワ砂漠に生息しており、メキシコで最も危険性が高いサソリの一種と見なされている。

ファットテールスコーピオン
FATTAIL SCORPION *Androctonus crassicauda*

イラクでは、このこげ茶色の非常に危険なサソリに注意するよう兵士に言い渡されている。特大のおそろしい尾から「ファットテール」と名づけられている。軍では世界で最も危険な種と認識されており、心不全や呼吸不全で死亡する可能性もあると警告されている。

オブトサソリ（デスストーカー）
DEATHSTALKER *Leiurus quinquestriatus*

このサソリも中東に生息しており、兵士には避けるように警告されている。淡い黄色とベージュ色のサソリで、砂地では見落としやすいが、非常に毒性が強い。2回刺された空軍の衛生兵は、空路で病院に搬送され、生命維持装置をつけて実験段階の抗毒素を投与されて、何とか一命を取り留めた。

トリニダードスコーピオン
TRINIDAD SCORPION *Tityus trinitatis*

トリニダードとベネズエラ近辺に生息している小型のサソリで、体長はわずか5、6センチだが、刺されると膵炎を起こす場合がある。毒素による心筋（心臓の筋肉）損傷で、子どもが死亡した例がいくつかある。

（苦痛）

ムチサソリ（サソリモドキ）
WHIP SCORPION *Mastigoproctus giganteus*

　厳密にはサソリではないが、このクモ綱の生き物は別名ビネガロンといって、生まれもった非凡な武器で身を守っている——敵を刺すかわりに、濃度84パーセントの酢酸液を噴き出すのだ。食用酢の濃度は5パーセントにすぎないので、これ以上はないくらい強い酢といえる。この防御法について最も驚くべきは、尾を振りまわしてどんな方向にでも液体を噴射できることで、捕食者は逃げて隠れるしかない。

**ありがたいことにサソリは紫外線のもとで光るので、
ベッドの下にサソリがいないか就寝前に確認したい住民は、
サソリ退治道具として市販されている
ブラックライトの懐中電灯を用いている**

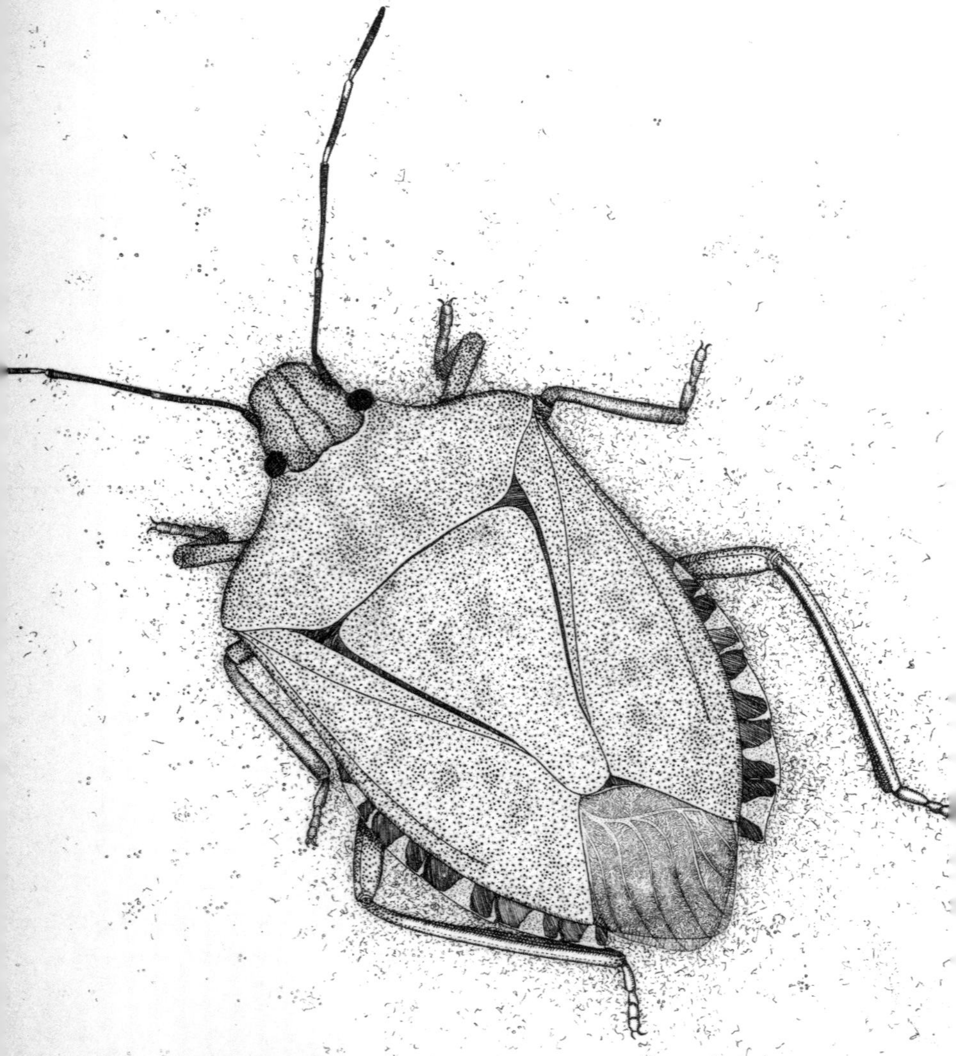

(破壊)

クサギカメムシ
Brown Marmorated Stink Bug

HALYOMORPHA HALYS

体長	：17ミリ
科	：カメムシ科
生息場所	：果樹園、畑、牧草地
分布地	：中国、日本、台湾、韓国、アメリカの一部地域

ペンシルベニア州とニュージャージー州には、秋の訪れをおそれる人々がいる。毎年この時期になると、中国由来の灰褐色の平たい昆虫が飛んでくるからだ。きわめて小さな穴にも這いこむし、戸口や窓の周囲のひびや、屋根裏の隙間、配管にも入る。冬の寒さを逃れてくつろぎ、数ヵ月間屋内生活を楽しむのだ。ペンシルベニア州ロワーアレンタウンシップで暮らすある家族は、食器棚を開けると皿の上に虫がいたという。引き出しの中やベッドの下にも待ち受けていたし、何百もの虫が屋根裏にも這いまわっていた。クリスマスにはツリーに登って、飾りに仲間入りしていたという。

その家族の夫は強迫性障害で、虫がいるのに耐えられなかった。ダクトテープで部屋の窓に目張りをしたが、それでも虫は入ってきた。仕事に出かけても、気は休まらなかった——かれは郵便配達員で、各家庭のポストで虫に遭遇してばかりだったのだ。

この侵入者たちがこれほど耐えられない存在なのは、かれらが発す

〈 Destructive / Brown Marmorated Stink Bug 〉

るにおいのせいだ。カメムシのにおいを言葉で説明するのは困難だ。腐った果実のにおいや、サクランボと草のにおい、あるいはかびくさいジャコウのようなアーモンド臭と評する人もいる。そしてたいていの人はただ、嗅いだら忘れられない、鼻につく凶悪なにおいだという。カメムシを刺激したり、踏んだり、掃除機で吸ったりすると——専門家推奨の駆除方法だ——悪臭を放ち、それが一種の合図になってさらに多くのカメムシを呼び寄せる。集まりすぎて交通に支障をきたした種もある——1905年には、フェニックスの交差点にあたらしく設置された信号機が大量のカメムシを引きつけてしまい、道路上に虫の山ができて車が通行不能になった例がある。

クサギカメムシは、1990年代後半にペンシルベニア州に偶然持ちこまれたのではないかと考えられている。カメムシ科に属するほかのカメムシ同様、この幅広で扁平な昆虫は、上から見ると盾に似た形をしている。防御物質にはシアン化物が含まれているため、ビターアーモンド臭がする。基本的にカメムシは無害な生き物で、植物にわずかな被害を出すのみだが、このアジア生まれの侵入者たちは果樹、ダイズなどの作物の害虫になる可能性があるため警戒されている。ペンシルベニア州に落ち着いた後はニュージャージー州に移り、その後は大陸を横断してオレゴン州に現れた。現在ではアメリカの27州で確認されている。

いまのところ植物への被害は軽微なものだが、カメムシは家屋害虫として万人に嫌われている。タンスの中を這いまわるので、服を着る前に振り落とさなければならない。女性の髪の中を這いまわることもある。窓に取り付けたエアコンの中にも入り込むので、冬の間はエア

(破壊)

コンを取り外してしまうか、すっかり目張りしなければならない。秋に家の外側にピレスロイド系殺虫剤を噴霧すれば侵入を防げるかもしれないが、すでに屋内に侵入したカメムシには効果がないし、虫より人の健康を害する可能性がある。掃除機で吸ってしまうのは効果があるが、においが非常に強いので、カメムシ駆除用の掃除機を購入する人が多い。

クリスマスにはツリーに登って、飾りに仲間入りしていた

ささやかな慰めがひとつ。この虫は冬に繁殖しないので、屋内で家族が増えるおそれはない。春が来ると成虫は自発的に家を出て庭や畑に戻り、交尾を経て産卵する。卵は夏の終わりに孵り、若虫は5段階の脱皮を経て成虫になる。この新世代は冬を越す場所を探しに旅立って、親世代と同じく10月には屋内に落ち着くのだ。

{近縁種} カメムシ目カメムシ科には広く多様な種が属していて、オーストラリア、北アメリカ、ヨーロッパ、アジア、アフリカ、南アメリカに分布している。さまざまな植物を食するヘリカメムシ(ヘリカメムシ科)は、カメムシ目の仲間の一種。

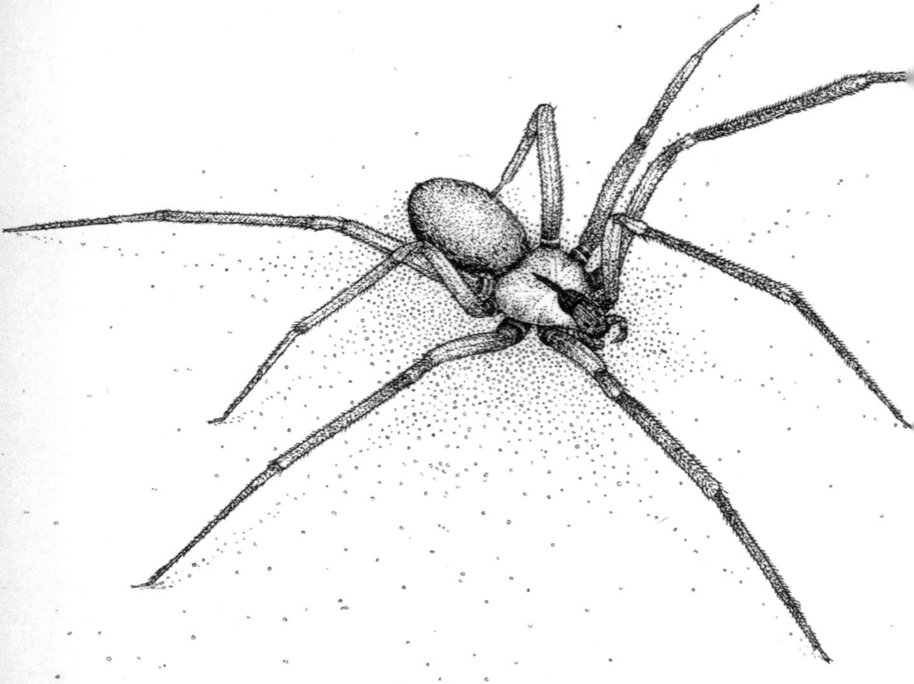

（苦痛）

ドクイトグモ *Brown Recluse*
LOXOSCELES RECLUSA

体長	：〜20ミリ
科	：イトグモ科
生息場所	：材木の山、物置、下生えなど、乾燥していて雨風をしのげる、邪魔されない場所
分布地	：アメリカ中部および南部

　かわいそうなドクイトグモ。かれらは誤解されているのだ。どんな膿疱や腫れ物や皮疹が出ても、この素朴なクモが原因として責められる。医学誌の記事によると、ドクイトグモが原因と誤解されてきたものには、ブドウ球菌感染症、ヘルペス、帯状疱疹、糖尿病性潰瘍、化学熱傷、処方薬に対するアレルギー反応まである。クモの研究者たちによると、ドクイトグモの咬傷を正しく診断できる方法はふたつのみだという——咬んでいるところを取り押さえて正体を特定するか、できたばかりの咬傷を皮膚科医に生検してもらうか。こうした証拠がないなら、痛みを伴って組織を腐らせる病変をこしらえて被害者を病院へ駆けこませた原因は、おそるべきクモ以外の何かである可能性が高い——そして誤診のほうが、クモの咬傷より命取りになる場合が多いのだ。

　ドクイトグモが咬まないとか、咬傷が痛くないというわけではない。ひどく咬まれると、醜く腫れ上がった潰瘍ができて、中心部の組織は壊死してしまう。咬まれると赤、白、青色の輪が重なった標的のような模様が現れる。縁のあたりは赤くなって痛み、血が通いにくい部分が白い輪になって、中央の壊死しかけている肉が青灰色になるのだ。うわ

(Painful / Brown Recluse)

さとは違って、ほとんどの人はすぐに治り、重症の場合のみ回復に1、2ヵ月要する。過去にはドクイトグモに咬まれて死亡者が出たという報道もあったが、アメリカ有数のドクイトグモ専門家の中には、疑問を呈する人もいる。

　ドクイトグモの咬傷と誤診される例が多いのはなぜだろうか？　ドクイトグモは20世紀後半までほとんど知られていない存在だったが、この頃に正体不明の傷をつけた犯人はこのクモだとする報道がいくつかあった。いまでは原因不明の傷をもつ人のそばには必ずドクイトグモがいるかのようにいわれる。ドクイトグモはほかの種と間違われやすい——クモ綱の仲間は似ているし、同じバイオリン型の模様を背負った種もいる。ドクイトグモを正しく見分ける唯一の方法は、眼をよくのぞきこむこと——ドクイトグモの眼は6個で、3対になって並んでいる。このほか専門家が参考にする特徴は、微細な毛に覆われたむらのない茶色の腹部、茶色のなめらかな脚、小さな体だ。

カンザス州のある一家は、家やその近辺で6ヵ月のうちに2千匹捕獲した。注目すべきは、だれも咬まれなかった点だ

　イトグモ属はアメリカ中部および南部に生息しているが、咬傷の報告は全国で絶えない。現在のところ、ドクイトグモが確認されているのは16州のみ——テキサス、オクラホマ、カンザス、ミズーリ、アーカンソー、ルイジアナ、ミシシッピ、アラバマ、テネシー、ケンタッキーと、

(苦痛)

その近隣州であるネブラスカ、アイオワ、イリノイ、インディアナ、オハイオ、ジョージアだ。その他の種がいくつか（*Loxosceles deserta, L. arizonica, L. apachea, L. blanda, L. devia*）メキシコ国境に近いテキサス、ニューメキシコ、アリゾナと、カリフォルニア南部の内陸部で確認されているが、これらはいずれもドクイトグモではない。

このほかの地域でドクイトグモが出たという報告が絶えないのに苛立ったクモ研究者たちは、生息が確認されていない地域からドクイトグモを送ってきた人に報奨金を提供すると約束した。カリフォルニア州のある研究者はこのプロジェクトを「"クモを見せて"チャレンジ」と呼んでいる。国内の生息地を突き止めようと長い年月を費やした結果、カリフォルニア大学の昆虫学者たちは、カリフォルニア州にドクイトグモは生息していないと断定した。

ドクイトグモが確認されている州の人は、どれだけの数が付近に生息しているか知ったら動揺するかもしれない。カンザス州のある一家は、家やその付近で6ヵ月のうちに2千匹捕獲した。注目すべきは、6年間この家で暮らしていてだれも咬まれなかった点だ。ドクイトグモは、文字通り肌に押しつけられないかぎり咬まない。このため、専門家ができる最良のアドバイスはこうだ。長い間しまってあったり、床の上でくしゃくしゃになっていたりしたキャンプ道具、寝具類、衣服は振ってみて、クモを落とすこと。ドクイトグモを避ければ、ドクイトグモもこちらを避けるというのがかれらの見解だ。

{**近縁種**} ドクイトグモの仲間には、やはり6個の眼をもつ six-eyed sand spider がいる（sicarius属）。これらは壊死性の毒をもつことで知られている。

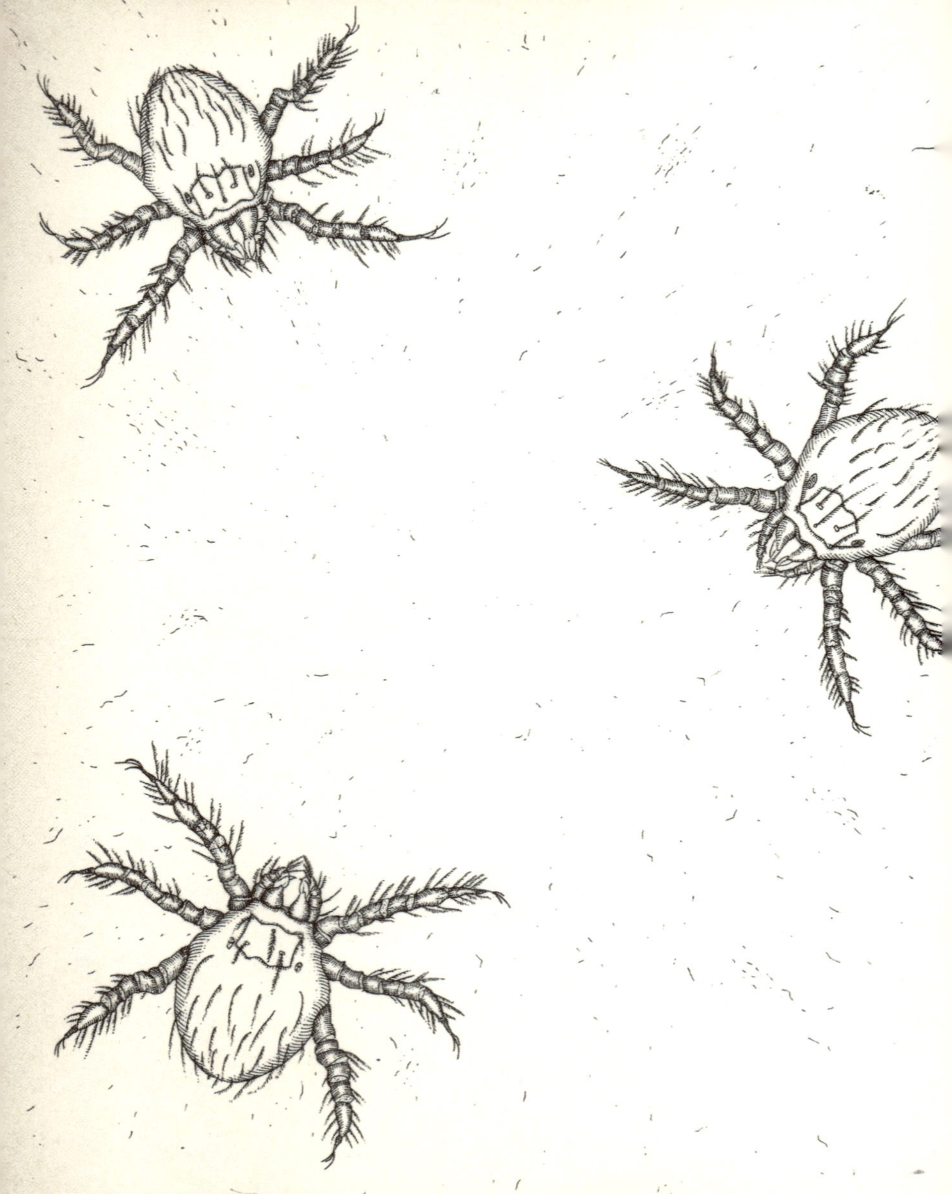

（危険）

ツツガムシ
Chigger Mite LEPTOTROMBIDIUM SP.

体長	：0.4ミリ
科	：ツツガムシ科
生息場所	：低平でじめじめした草地および森林
分布地	：アジアおよびオーストラリア

　第二次世界大戦の兵士たちが立ち向かわねばならなかったのは、敵のみではなかった。ビルマでは、モンスーン、なじみのない地形、異国の病が、命に関わる組み合わせになった。1944年には、ビルマにいた兵士のほぼ全員が、一度は病院に収容された時期があった。激しい戦闘が繰り広げられたが、兵士が病で命を落とす確率は、戦傷がもとで死ぬ確率の19倍だった。肝炎、マラリア、赤痢、性病も深刻だったが、最もやっかいなのは、クモ綱に属する微少な虫、ツツガムシが媒介する、なじみがなくて予測のつかないツツガムシ病だった。

　ツツガムシは、じつはレプトトロンビジウム属（*Leptotrombidium*）のダニの幼虫で、生涯に1回だけ動物の組織液を餌とする微小生物だ。あまりに小さいため、口で皮膚を突き破って血管を探ることができない。そのため、ただ皮膚に食いついて液状化した皮膚組織を飲み下す。人間は咬まれても気づかず、あとで小さな赤い跡が現れて気づく。たいていツツガムシは吸い口を残していくため、トゲが刺さったのと同様に、それが皮膚を刺激するのだ。そして動物の組織液を一度だけ堪能すると、成長して成虫になり、死ぬまで植物しか口にしない。

　では、ツツガムシはどのように病気を媒介するのだろうか。動物の

(Dangerous / Chigger Mite)

組織液を吸うのが一度きりなら、宿主から宿主へ感染させる機会はないはずだ。この謎は、ツツガムシの間で垂直感染が起こり得ることが実験で証明されて、ようやく解けた。つまり成虫は一度だけ食した組織液から感染して、それが子に受け継がれるのだ。このため、子は生まれつき感染していて、それを一度きりの食事の際に媒介する可能性がある。

治療にあたった軍の医療関係者のひとりは、患者には一生心臓に障害が残ると予測した

　ツツガムシ病は野ネズミ、ハタネズミ、ハツカネズミ、鳥の集団や人間にも発症する。ツツガムシリケッチア（*Orientia tsutsugamushi*）に感染すると、たいていは約10日後にインフルエンザのような症状（筋肉痛、リンパ節の腫れ、熱、食欲不振等）がみられる。最終的には心臓、肺、腎臓にも影響が及び、抗生物質の投与など救命治療が間に合わないと死ぬ場合もある。治療せずに放置すると、最大で患者の3分の1が死亡する。

　第二次世界大戦中、ツツガムシ病はもどかしいほど避けにくい病気だった。兵士たちはツツガムシが住む草丈3〜6メートルのチガヤをかきわけて歩くしかなかった。チガヤを焼きはらえばツツガムシを一掃できたかもしれないが、戦闘地域でいつもそれが可能とはかぎらない。小さなツツガムシが入らないように軍服の隙間を閉じるのは不可能だ

（危険）

った。ツツガムシ病に倒れた兵士たちは、平均およそ100日ばかり戦闘を離れるはめになった（マラリアの場合は14日間のみ）。患者の20パーセントは肺炎を発症し、治療にあたった軍の医療関係者のひとりは、患者には一生心臓に障害が残ると予測した。

現在もツツガムシ病はオーストラリア、日本、中国、東南アジア、太平洋諸島、スリランカの各地でみられる。ワクチンは存在せず、感染者は世界に100万人以上存在する。

{**近縁種**} ツツガムシ科にはツツガムシのほか、動物の組織液を食する微小生物が含まれる。さまざまな種のツツガムシの幼虫がツツガムシと呼ばれているが、アメリカでツツガムシと呼ばれているものは、基本的に病気を媒介しない種の幼虫である。

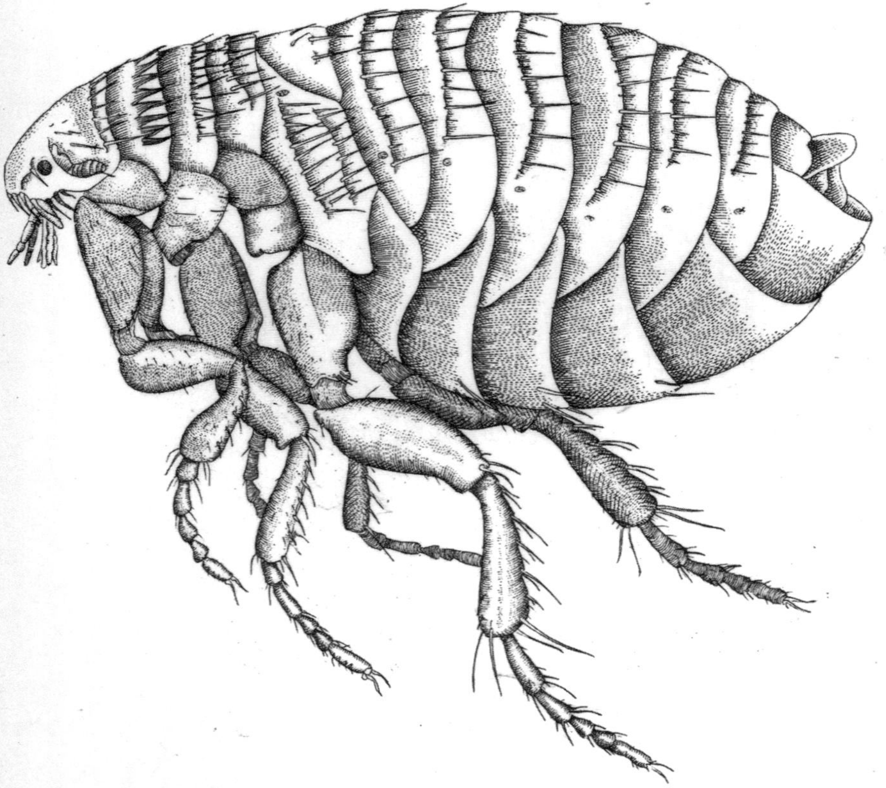

（苦痛）

スナノミ
Chigoe Flea TUNGA PENETRANS

体長	：1ミリ
科	：スナノミ科
生息場所	：砂漠や岸辺の、あたたかい砂地を好む
分布地	：世界の熱帯地域。ラテンアメリカ、インド、アフリカ、カリブ海諸島

　新世界をめざしたクリストファー・コロンブスは、2回目の航海でイスパニョーラ島に入植地をつくった。現在ではハイチ共和国とドミニカ共和国がおさめる地だ。コロンブスと乗組員たちはさまざまな問題——必需品不足、食糧不足、地元民との諍い——に直面したが、中でもやっかいだったのが小さなスナノミだ。

　フランシスコ・デ・オビエドはそのおよそ30年後に、コロンブスの旅についてこう述べている——「スペイン人やインド諸島への新たな入植者たちを苛んだ病はふたつ。この地につきものの疫病だ。一方が梅毒で、人間を介してスペインにもたらされ、さらに世界中に広がっていった。他方がスナノミだ」。かれは16世紀の自然科学者にしては驚くべき正確さでスナノミの習性を解説しており、この虫が足の爪の下に入りこんで卵を産みつけ「レンズマメ、ときにはヒヨコマメの大きさの小さな袋」をこしらえる様を描写している。解説によると、細い針でこの虫を追い出すことはできるが「スナノミのせいで足を失う人は多い。少なくとも指を2、3本なくす。（中略）鉄か火で処置する必要があるからだ」。推測の域を出ないが、つまりコロンブスと共に旅した乗組員たちが、ひどく蔓延したスナノミを取り除こうと必死になるあまり、足の

(Painful / Chigoe Flea)

指を切り落としたことを意味しているのだろう。滅菌した針で早めに処置すれば簡単に済むが、オビエドは「結局、スペイン人たちは梅毒の治療と同じく、スナノミの処置にも成功しなかった」と書いている。

メスのスナノミは宿主の皮膚を切り裂いて侵入し、皮下に住みついて血液を餌に成長して、豆ほどの大きさになる。呼吸するために宿主の傷が治らないようにして開かせたままにしておき、気が向くとオスの訪問を受けたりする。傷の中央に、黒い点のようにメスの尻が現れる場合もある。1、2週間でメスは約100個の卵を産みつける。卵はスナノミの生息地である砂浜におかれるべきなのだが、傷にくっついたままの場合が多く、じつにぞっとする眺めになる――白く細かい卵のかたまりが悪化した傷から離れないのだ。治療せずに放置しておいても、卵はやがて地に落ちるし、住みついていたメスも約1ヵ月で死んで傷からこぼれ落ちる――宿主に深刻な問題をもたらしたあとの話だが。

熱帯の砂浜でスナノミに寄生された旅行者が、実体験を通じてスナノミの一生を知ることはほとんどない。足の病変に気づいて医者のもとに駆けこみ、傷口を入念にきれいにしたうえで、卵が産みつけられる前にスナノミを除去してもらうからだ。だが貧困地域では、足に傷を10ヵ所以上こしらえたまま生活を続け、慢性感染症や壊疽になったり、足指を失ったりする場合もある。スナノミは人間以外の動物にも寄生するので、齧歯類や家畜と密に関わる人たちは、砂浜を散歩する旅行者より侵入される機会が多い。

近年ブラジル北東部の貧民街でおこなわれた調査では、住民の約3分の1がスナノミ症――つまりスナノミに寄生された状態だった。中には、足や手や胸に病変部を100ヵ所以上抱えている人もいた。スナノミが

〈苦痛〉

ひどく繁殖したせいで、歩行に支障がある人や手で物をつかめない人も多かった。手の爪や足の爪はすっかりなくなっていた。地元の医師たちは特に求められないかぎり、スナノミのような寄生虫に注意をはらったり処置したりしないと調査にあたった研究者たちは指摘している。数十ヵ所の傷から寄生虫の卵があふれ出ているのを医師が放置するなどありえないようにも思えるが、それほどスナノミが蔓延していることがうかがわれる。

　調査の参加者たちへの処置として、傷口をきれいにして、軟膏のチューブが与えられ、テニスシューズがプレゼントされた――かならず履くように勧めたうえで。

{近縁種} おもに南アメリカに生息する、鳥や哺乳類に寄生する小さなノミなどがいる。

**コロンブスと共に旅した乗組員たちは、
ひどく蔓延したスナノミを取り除こうと必死になるあまり、
足の指を切り落とした**

(Horrible / Have No Fear)

●心配無用

　昆虫学者ロバート・コールソンとジョン・ウィッターは、人間が自然の中で昆虫に遭遇したときの反応を分析した。

　反応は5通りある――

「死んだ昆虫」症候群：特にキャンプ場やピクニックテーブルなどで、ほぼ反射的に昆虫を殺してしまう。

「完全な葉」症候群：ハイキングやキャンプで、葉や木に小さな虫食いを見つけると公園管理者に通報する（大部分の昆虫は生きていくために植物を食べなければならない以上、虫食いはあるのが当然だ）。

昆虫恐怖症：昆虫に対するいわれのない恐怖から、自然との接触をことごとく回避する。

無反応：虫は屋外生活の一部で、容認すべき存在だと理解している人の反応。

環境保護主義的反応：いかなる状況でも殺虫剤は使わず、あらゆる環境においてすべての虫の保護を支持するべきと考える。

(不快)

　上記の反応の中で最もなじみがあるのは昆虫恐怖症だろう。多くの人は不条理な恐怖とはどんなものか知っている——めまい、手の汗、視野狭窄、動悸。極度の恐怖症は、消耗性のパニック発作を伴う。虫に対する恐怖となると——まったく思いがけない場所で不意におとずれがちで——恐怖症の人はおびえて悲鳴をあげ、部屋から飛び出していく場合もある。ひどい恐怖症になると見境なく殺虫剤を用いるが、これは虫そのものよりはるかに健康をそこなうことがしばしばだ。

　だが、自動車事故が起きる場合もあるといったら？　イギリスのある保険会社が2008年におこなった調査では、虫が原因で自動車事故を起こした経験がある運転者は50万人超だという（正確には、車内にいた虫に気を取られたのが原因だ）。調査対象の運転者の3パーセントは、虫が飛び込んでくるのをおそれて、運転中は決して窓を開けない。この保険会社では、自動車の窓に取りつけられる網戸を開発中だ。

　心理学者たちは、時間をかけて脱感作法を慎重にすすめて、恐怖症克服を手助けしている。昆虫恐怖症では、虫の絵を描くことから始める場合もある。回を重ねるにつれて、だんだん絵を現実的にしていって、やがては恐れている虫の写真を見られるようにする。つぎは瓶入りの虫の死骸を部屋の端から眺めるところから始めて、だんだん距離をつめていく。取り乱さずに間近で虫の死骸を眺められるようになったら、今度は死骸のかわりに生きている虫を瓶に入れたものを用意する。うまくいけば、最終的には虫が卓上を闊歩

（Horrible / Have No Fear）

していても耐えられるようになるし、もしかしたら大部分の昆虫や、クモや、気味悪いぬるぬるした生き物たちが、ほぼ何の実害ももたらさないと言えるようになるかもしれない。

　だがおそらく最初の一歩は、恐怖の正体の特定だ。恐怖症の名付け方は科学というより芸術寄りだ。心理学者たちは、公式には恐怖症を広範にとらえているのみで、専門用語を用いて理不尽で根強い恐怖の数々を結びつけている。特定の恐怖をあらわすのにギリシャ語／ラテン語で「〜恐怖症(フォビア)」と名付けるのは19世紀の慣行だったが、現在は公式には用いられていない。ここに列挙したのは虫に対する恐怖をあらわすために発明された専門用語の一部だ──

虫が原因で自動車事故を起こした経験がある運転者は50万人超だという

〔不快〕

ダニ恐怖症（Acarophobia）	ダニ、ヒゼンダニをおそれる
ハチ恐怖症（Apiphobia）	ハチをおそれる
クモ恐怖症（Arachnophobia）	クモをおそれる
針恐怖症（Cnidophobia）	刺されることをおそれる
寄生虫妄想症（Delusional parasitosis）	寄生虫が体内にいると信じこむ
昆虫恐怖症（Entomophobia）	昆虫をおそれる
蠕虫恐怖症（Helminthophobia）	蠕虫の寄生をおそれる
シロアリ恐怖症（Isopterophobia）	シロアリ（木を食べる昆虫）をおそれる
ゴキブリ恐怖症（Katsaridaphobia）	ゴキブリをおそれる
鱗翅類恐怖症（lepidopterophobia）	チョウをおそれる
アリ恐怖症（Myrmecophobia）	アリをおそれる
寄生虫恐怖症（Parasitophobia）	寄生虫をおそれる
シラミ恐怖症（Pediculophobia）	シラミをおそれる
寄生線虫恐怖症（Scoleciphobia）	寄生線虫をおそれる
ワスプ恐怖症（Spheksophobia）	スズメバチをおそれる

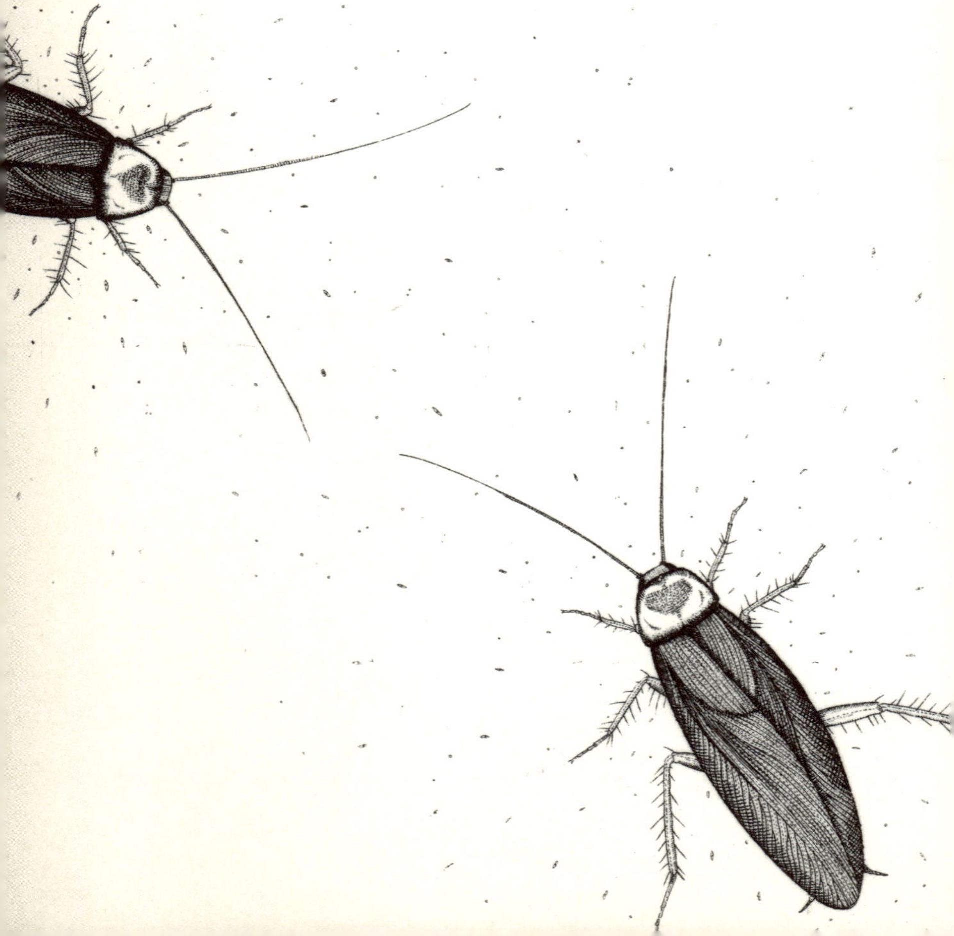

Wicked Bugs

ご購読ありがとうございました。みなさまのご意見・ご感想をお聞かせいただきたいと思います。ぜひアンケートにお答え下さい。

1. この本を何でお知りになりましたか？
    - □ 書店で見かけて □ 書評を読んで（新聞・雑誌名　　　　　　　　　　　）
    - □ 広告を見て（新聞・雑誌名　　　　　　　　　　　　　　　　　　　　）
    - □ ウェブサイトを見て（サイト名　　　　　　　　　　　　　　　　　　）
    - □ その他（　　　　　　　　　　　　　　　　　　　　　　　　　　　　）

2. あなたが一番怖いと感じた「虫」を教えてください。

3. ご意見・ご感想をご自由にお書き下さい。

4. 機会があれば、ご意見・ご感想を新聞・雑誌・広告・弊社ホームページなどで匿名にて掲載してもよろしいでしょうか？
    - □ はい　　　□ いいえ

ありがとうございました。

郵便はがき

101-0065

恐れ入りますが、五十円切手をお貼り下さい。

東京都千代田区西神田3-3-5
朝日出版社

邪惡な虫

編集部 行

ご住所　〒			
TEL			
お名前（ふりがな）		年齢 歳	性別 男 女
Eメールアドレス			
ご職業	お買上書店名		

※このハガキは、アンケートの収集、関連書籍のご案内、書籍のご注文に対応するためのご本人確認・配送先確認を目的としたものです。ご記入いただいた個人情報はご注文の書籍を発送する際やデータベース化する際に、個人情報に関する機密保持契約を締結した業務委託会社に委託する場合がございますが、上記目的以外での使用はいたしません。以上ご了解の上、ご記入願います。

000662

（危険）

チャバネゴキブリ
Cockroach BLATTELLA GERMANICA

体長	：〜15ミリ
科	：チャバネゴキブリ科
生息場所	：家屋、ビルなどおもに人間の近く
分布地	：世界中

　1940年、カリフォルニア州南部でカーメリトス公営住宅が、鳴り物入りで竣工した。バンドが国歌を演奏する中、国旗が掲げられ、この「あたらしい生活のかたち」の長所をほめそやすスピーチがおこなわれた。入居者は「うちの大家はお国です！」と題した記事を発表した。よくある公営住宅とは異なり——各家庭に芝生がある小さなタウンハウス型マンションで、低所得者向け住宅というより、休暇用のバンガローのようだった。この巨大な建物——全712戸——は、国民を大恐慌の淵から這い上がらせるために提供された最初のひとつだった。

　20年後、衛生当局はこのスプロール化した開発地に不穏なパターンが見られることに気づいた——この地域のA型肝炎ウイルス感染者の約40パーセントは、カーメリトス公営住宅の住民だったのだ。当時、カリフォルニア大学ロサンゼルス校（UCLA）では、あたらしく開発された比較的安全な殺虫剤「ドライダイ」が実験段階にあった。この薬の正体はシリカ粉塵で、ゴキブリのロウ状の表皮を分解して、干からびさせて殺す。UCLAの研究班はこのあたらしい殺虫剤をカーメリトスで試してみて、驚くべき結果を得た——ゴキブリの70パーセントが死んだ。そして周辺地域でA型肝炎ウイルス感染者が増加を続ける

(Dangerous / Cockroach)

一方で、カーメリトス居住者の感染例はほぼゼロになった。ゴキブリの駆除が、住民をおそろしい病から救ったのだ。

「ゴキブリは最もおそれられている昆虫のひとつです」とUCLAのI・バリー・ターシスは、結果を公表する際に述べた。「でもそれは不潔な状態、駆除の困難さ、不快さと結びついていたからです。これで人間がゴキブリに対して抱く嫌悪感は、単なる偏見でなかったという証拠が得られました」。

この研究以前は、ゴキブリが病気を伝播する証拠は存在しないに等しかった。ゴキブリが人間の住環境やその周辺で活動して「伝達行動」――「不潔な環境や汚染された環境と人間の食物との間の行き来」――をおこなう過程で病気を伝播することは、現在では衛生当局も知る通りだ。

ゴキブリは最も長い歴史を持つ昆虫の一種で、3億5千年前から地球上に存在している

　ゴキブリは最も長い歴史をもつ昆虫の一種で、3億5千年前から地球上に存在しており、昔から人間と関わりがあった。だが確認されている4千種のうち、95パーセントはまったく人里離れた森の中や、丸太の下、洞窟の中、砂漠の石の下、湿地、湖や川のそばの暗いところに住んでいる。人間のそばにいる残りの5パーセントは、さまざまな理由からすっかり嫌われている。

（危険）

　ゴキブリはどんな家にでも容易に入りこむ。羽があるし、種によっては少々の距離なら飛べる。玄関のドアの上にとまって、やがてドアが開くのを待って中に入ったり、隙間や開口部からもぐりこんだりすることが知られている。居着くかどうかは、ひたすら部屋の掃除にかかっている。ゴキブリが好むのは散らかった台所と浴室だ。共同住宅に入りこむと共用の配管、下水管、電気配線があるため、一度も外に出ることなく容易に別の住戸へ移動できる。ある調査によると、アリゾナ州のゴキブリは下水道を伝って数百キロメートル移動して住居に侵入していた。住居に入ったゴキブリは、それとわかる不快なかび臭い匂いを放つ。

　ゴキブリは雑食動物で、専門家の言葉でいう「未分化の口器」をもっているので、人間のそばで、さまざまなごみを糧に生きていくのに向いている。食べこぼし、ごみ、下水、どれも魅力的な餌だが、ゴキブリは本の装丁や切手の糊までかじる。人間は咬まないが、衛生昆虫学者たちの研究には「爪、まつげ、皮膚、手足のたこ、眠っている人の顔まわりの食べかす」も食するという報告がある。

　人間、食物、生ゴミの間を行き来するというのは、つまり無数の病原体を持ち運んでいるということだ。大腸菌、サルモネラ菌、らい菌、チフス菌、赤痢菌、ペスト菌、連鎖球菌など。ゴキブリは物を食べるとき、しばしば収穫物の少量を吐き戻して、つぎの食事にする。移動したり餌を食べたりしながら排便もして、挽いたコショウほどの大きさの小さな茶色の糞を排泄する。これらすべてが病気の伝播を容易にしているのだ。

　悪いニュースはまだある。喘息持ちの人々の半分は、ゴキブリに対

(Dangerous / Cockroach)

してアレルギーがある。アレルギーがない人の10パーセントも、やはりゴキブリには一種の過敏性があって、最も激しい反応では、アナフィラキシーショックを起こす。ゴキブリのアレルゲンはこの上なく徹底的な清掃法（熱湯、pH変化、紫外線などを用いた方法）もかいくぐってしまう。興味深いことに、ゴキブリアレルギーはカニ、ロブスター、エビ、ザリガニ、そしてイエダニなどの虫にも交差反応を起こす場合がある。

　だがおそらく最もおそれられている人間とゴキブリとの接触法は、語り草になっている耳への侵入だ。ただの都市伝説でないとしたらおぞましい話だが、実際ドイツではゴキブリが人間の耳に侵入して出られなくなった例が複数あり、数々の医学文献にまとめられている。緊急外来の医師たちは耳に油を注いでゴキブリを溺れさせるが、そのあとで引っ張り出すのにしばしば苦労させられている。一部の医師たちは、リドカインの噴射を推奨している。ゴキブリにとっては刺激が非常に強いため、耳を飛び出して部屋の向こうにまで逃げ出す。

　家からゴキブリを追い出そうとする試みは、さらなる健康問題につながることが多い——疫学者たちは家庭用殺虫剤の利用増加と、それによる化学物質への曝露全般は、虫そのものよりも深刻な害を及ぼすと指摘している。比較的安全なゴキブリ用の毒餌も存在するが、家を清潔にして侵入口をつくらないのが最良の防御手段だ。最近の研究で、死んだゴキブリの「汁」が忌避剤として有効であることがわかったが、家庭で用いる方法としては流行らなそうだ。

（危険）

{近縁種} 世界でおよそ4千種が確認されている。ワモンゴキブリ（学名 *Periplaneta americana*、別名 *American cockroach ／ Palmetto bug*）は大型のゴキブリで、アメリカ南部一帯や東海岸の一部に分布している。

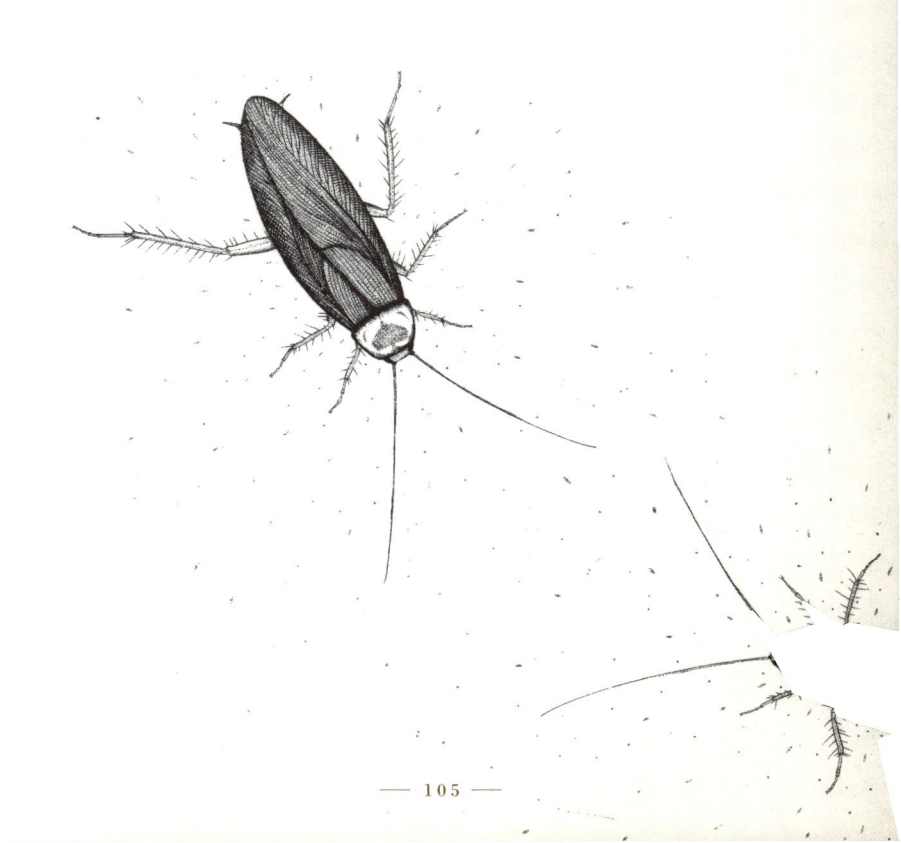

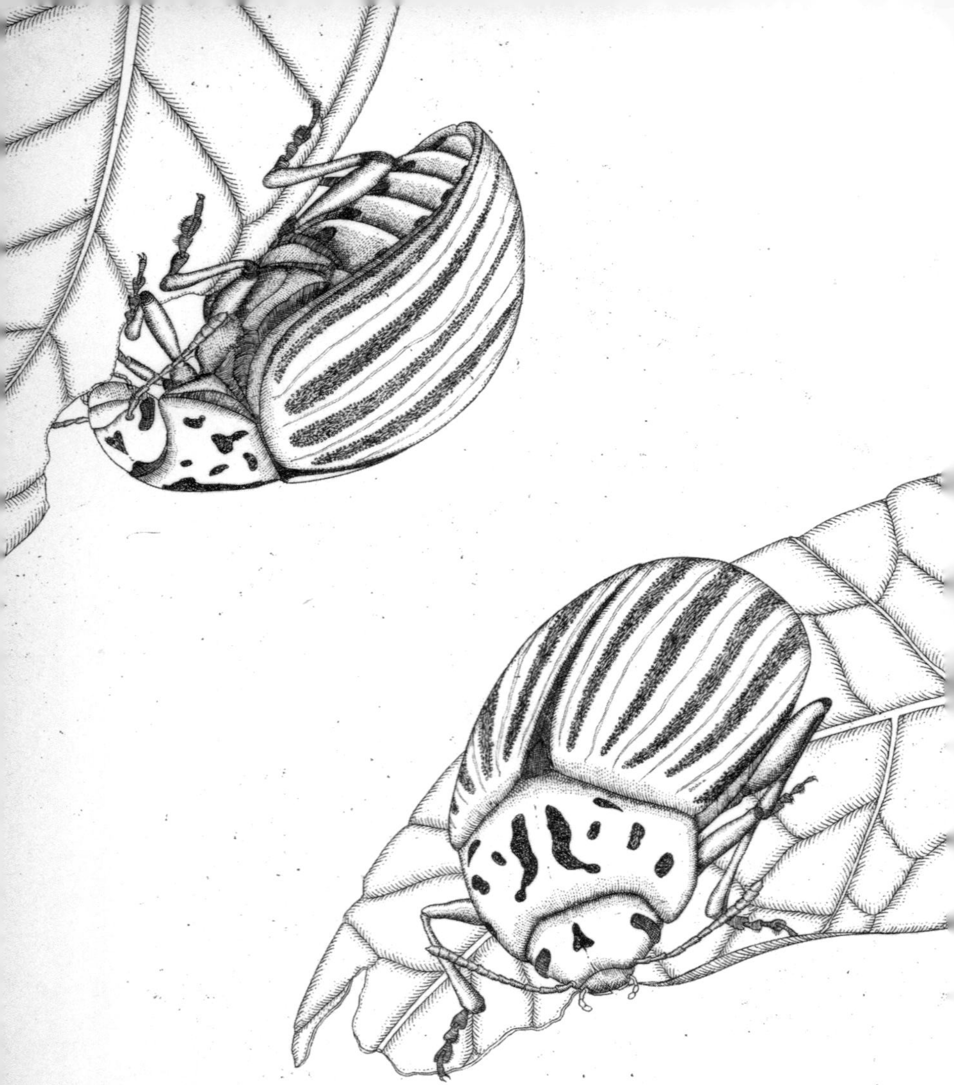

(破壊)

コロラドハムシ
Colorado Potato Beetle
LEPTINOTARSA DECEMLINEATA

体長	：9.5ミリ
科	：ハムシ科
分布場所	：農場、野原、牧草地などナス科の植物が豊富なところ
生息地	：北アメリカ、ヨーロッパ、アジア、中東

　アメリカの昆虫学の父といわれるトマス・セイは、1820年に軍事遠征の一環で西へ向かい、ロッキー山脈にたどりついた。かれの任務は「動物学およびその部門に属するもので、観察対象になり得るものをすべて調査、記録すること。あらゆる陸生・水生動物、昆虫等の分類と、具体的状況下で発見された動物の死骸の詳細な記述が求められる」とされていた。同行者は植物学者、地学者、博物学助手、絵描きだった。気楽な旅ではなかった。深刻な水不足、先住民族からの襲撃、病気、けがに苦しめられ、馬と重要な物資を失った。だから小さな縞模様の虫が、ナス科の丈の低い固い草を食しているのを見つけて記録にはおさめても、この探検における大きな発見のひとつとは考えなかったのも当然だ。

　コロラドハムシは、セイが生涯に記録した千種を超える甲虫のひとつにすぎない——だが英語名でポテトビートルと名付けたのは、後世の人だ。セイの死から間もない1800年代半ば、入植者たちはかれの探索した地域に住みついて農業を始めた。こうしてジャガイモに出会ったコロラドハムシは、しだいにそれまで餌にしていた野生ジャガイモ

(Destructive / Colorado Potato Beetle)

の近縁種、バッファローバーを食べなくなって、ジャガイモに集中するようになった。程なくこの虫がジャガイモの葉をすべて食べ尽くして畑をだめにしてしまうことがわかって、入植者はおののいた。虫たちはそれからナス科のほかの植物にとりかかり、トマト、ナス、そしてタバコの葉まで食いあさった。

ドイツでは、農業を狙った航空戦の一環として、アメリカ人が飛行機からこの虫を落としていると信じられていた

　コロラドハムシはアメリカ全土に広がった。わずか15年間にネブラスカ州からアイオワ州、ミズーリ州、イリノイ州、ミシガン州、ペンシルベニア州へ渡ったのだ。1875年には有名な科学雑誌が、この甲虫について「甚大な被害を出し、アメリカに大きな不安を呼び起こしており、ヨーロッパ諸国の一部はこの虫が大西洋を渡りきる見通しにパニックを起こした」と指摘している。

　おそれるに足る根拠はあった。ヨーロッパ諸国はコロラドハムシの侵入を阻止するためにアメリカ産ジャガイモの輸入を停止したが、第一次世界大戦の頃には、アメリカ兵の大陸横断に伴って、農業害虫が偶然持ちこまれるのを避けられなくなっていた。現在ではコロラドハムシはヨーロッパ全土を含め、世界中のほとんどの国々の、重要な農業地帯に生息している。

　アメリカが意図的にこの害虫を拡散させたと糾弾する意見もあった

（破壊）

――第二次世界大戦時のドイツの宣伝ポスターには、星条旗色の縞模様のコロラドハムシが兵士のように戦場を歩いていく様子が描かれている。ドイツでは、農業を狙った航空戦の一環として、アメリカ人が飛行機からこの虫を落としていると信じられていたのだ。この敵の昆虫には――ドイツ語の「アメリカの」と「甲虫」を組み合わせた――「Amikäfer（アミケーファー）」という呼び名がつけられた。「止まれ、アミケーファー」と書かれたポスターのほか、邪悪なアメリカの虫が「我が国の作物をそこなうおそれがある」と警告して、平和のための戦い（kampf für den frieden）を呼びかけるポスターもあった。

　この明るい黄色と茶色の縞模様の甲虫の大きさは、テントウムシよりわずかに大きいくらいだ。メスのコロラドハムシは短い一生に最大3千個の卵を産み、一季に通常3世代が生まれる。遅くに生まれた世代は快適に越冬して翌年早くに現れ、またつぎの世代を生み出していく。この150年間、農家の人々はとてつもない量の農薬をこの虫に浴びせてきたが、虫たちは急速に化学物質への耐性を獲得していく一方だった。繁殖率が高いのも理由のひとつだ――3千匹の子のうち1匹は、必ず農薬への耐性につながる突然変異を抱えて生まれてくるのだ。また、この虫がかなり毒性の強いナス科の植物の葉を食べるという事実も、毒にある程度の耐性があることを示している。

{近縁種} 一般にハムシとして知られているこの科の虫にはウリハムシ、アスパラガスビートルなど、農業害虫が含まれる。

(Destructive / The Gardener's Dirty Dozen)

●園芸家のダーティーダズン

　かれらは文明のありかたを変えるわけではない。疫病を広めるわけでも、村人を一目散に逃げ出させるわけでもない。おそらく殺人に関わったことは一度もない———殺意を抱くほどの怒りを呼び起こすことはあっても。以下に挙げるのは、園芸家をひどく苛立たせる害虫たちのほんの一部だ。

アブラムシ（アリマキ）
APHIDS

　緑色の柔らかい体をもつ昆虫が葉の裏に数百匹はりついて一様に汁を吸っている光景は、園芸家にとっては悪夢だ。アブラムシ上科に属する種は4,400超が確認されていて、その多くが特定の植物につく。ノミやヒトジラミと同様、宿主にしがみついて食事を始め、ときにその過程で植物の病気を伝播する。世界で最も深刻なジャガイモの病気のひとつ、ジャガイモ葉巻ウイルスを媒介するのもアブラムシだ。

　だがアブラムシの性質で最もおそろしいのは、その増え方だ———一部の種は、メスの体内にいる子がすでにつぎの世代を身ごもっている「多段世代繁殖」が可能なのだ。単為生殖をおこなうこれらの昆虫は、繁殖にオスを必要とせず、2、3世代はオスとの交尾なしでやっていける。

　キョウチクトウアブラムシ（*Aphis nerii*）は、とりわけ巧妙な戦略で確実な

（破壊）

生き残りを図っている。有毒植物から強心配糖体(きょうしんはいとうたい)という有毒物質を獲得して、卵をこの毒で包んで捕食者から守るのだ。

ありがたいことに、テントウムシ、寄生バチなどさまざまな種の捕食昆虫が、機会さえあればよろこんでアブラムシを食してくれる。

コナジラミ
WHITEFLY

温室のコナジラミほどがっかりさせられるものはない。コナジラミ科のいけ好かない害虫で、温室にいたり、室内用鉢植え植物についていたりすることが多い（屋外でも生きていけるが、冬の寒さで死滅する）。体長わずか1〜3ミリで、翅(はね)をもっていて、あまりに小さいため、葉に白い粉をまぶしたように見える。

アブラムシと同様に樹液を吸い、葉が黄色く変色して垂れ下がる原因となる。一部の種は病気も伝播する。寄生された植物から払い落とすと、無数のコナジラミが一瞬宙を舞う。園芸家や、温室を管理している人々には嫌な光景だ。メスは4〜6週間の生涯で400個の卵を産む。多くの温室では、人間にとっては無害な寄生バチの一種——オンシツツヤコバチ（*Encarsia formosa*）——を利用して、コナジラミを退治している。

ナメクジ と カタツムリ
SLUGS and SNAILS

この腹足類の説明はおなじみだろう。歩道をずるずると這ってきて菜園に侵入するこれらの生き物に対峙しなければいけない園芸家たちは、おぞましくグロテスクな手段を試しては敵を倒してきた。ぬめぬめした体に塩を振りかけたり、浅い容器にビールを張って溺れさせたり、手ずからつまみ取って

(Destructive / The Gardener's Dirty Dozen)

道に捨てたり、それぞれ好みの方法でこの恐怖と対決している。ブラウンガーデンスネイルは、1800年代半ばに珍味としてフランスからアメリカに持ちこまれたが、逆にアメリカの庭を食する存在になった。

　西海岸の園芸家たちは、幸運にもカタツムリとの戦いに協力者を得ている──ランストゥーススネイルは、ガーデンスネイルの天敵だ。オオクビキレガイも天敵としてヨーロッパから持ちこまれているが、園芸家にはペットにも安全なリン酸鉄の毒餌という頼もしい存在がある。

———

ヨトウムシ
CUTWORMS

　おもにヤガ科に属するさまざまなガの幼虫（成虫は茶色もしくは褐色）で、イモムシのような外見をしており、通常は地中や落ち葉の下でかたく丸まっている。英語名「カットワーム」は、地表を這い、地上に出る際に苗木を切り倒してしまう習性からつけられている。トマト、トウガラシ、トウモロコシの元気な苗も、盛りの時期に空腹のヨトウムシに打ち倒されてしまうのだ。

　甲虫、クモ、カエル、ヘビはヨトウムシを食べる──ほとんどの園芸家は、庭にヘビを放つほどやけにはなっていないのだが。守るべき植物が数十株程度の園芸家には、紙コップやプラスチック容器でつくったヨトウムシ対策の輪で小さな苗木を囲い、守りながら育てる対策が好まれている。

———

ハサミムシ
EARWIGS

　腹部にペンチ状の危険な付属器官があるせいで邪悪そうに見えるが、ハサミムシ目に属するこれらの昆虫は、大半の人が思っているほど有害ではない。だがダリアからイチゴに至るまでさまざまな花や野菜を食する。摘んだばか

（破壊）

りのアーティチョークを剥いていてハサミムシに遭遇した経験がある人は、それがどんなに嫌な不意打ちか知っているはずだ。ハサミムシはアブラムシや、ほかの昆虫の卵も食するので、良いことをするといえなくもない。最も簡単な駆除方法は、新聞か厚紙を巻いた管状の罠を仕掛けておいて、朝になったら中身を石けん水にあけてしまうことだ。

マメコガネ
JAPANESE BEETLE

1916年にニュージャージー州の苗畑に偶然持ちこまれたマメコガネは、アメリカ東部でおそれられ、嫌われる存在になった。青銅色と緑色を帯びた玉虫色の甲虫で、約300種の植物を餌にして、集団で上から下へ向かって食べていく。葉は葉脈を残して食べ尽くされ、レース状の模様が残る。こうも破壊的でなければ美しいものといえるだろう。幼虫は根をかじって草をだめにしてしまうことから、公園や芝生やゴルフコースの害虫とみなされている。アメリカ人はマメコガネを抑えこみ、被害を回復しようと年間46億ドルを投じている。このプロセスは困難でもどかしく、一般的には手でつまみとる、捕食昆虫を放つ、罠を仕掛ける、これらの貪欲な害虫が食べない植物を代わりに育てるといった手段の組み合わせが求められる。

反撃に出た植物がある──アメリカ農務省によると、テンジクアオイ（*Pelargonium zonale*）が生み出す物質は、最長24時間にわたってこの虫を麻痺させるという──捕食者が襲来するには充分だ。

ウリハムシ
CUCUMBER BEETLE

斑点や縞のあるかわいらしい外見にだまされてはいけない。テントウム

（**Destructive / The Gardener's Dirty Dozen**）

シの黄色版、緑色版のように見えるが、愛され方は足下にも及ばない。ディアブロティカ属（*Diabrotica*）のジュウイチホシウリハムシと、アカリンマ属（*Acalymma*）のストライプト・キューカンバービートルはカボチャ、メロン、キュウリ、トウモロコシを食べ、ときには病気を伝播して、青枯病やキュウリモザイク病をもたらす。作物の苗に畝ごと覆いをかけてウリハムシを防ぐ園芸家もいる。

スズメガ
TOMATO HORNWORM

体長10センチのイモムシとの対決は、ときに一苦労だ。これらのイモムシ（トマトスズメガおよびタバコスズメガ）は、幼虫として過ごす約1ヵ月の間にナス科植物――トマト、ナス、タバコなど――の大部分を台無しにしてしまう。そして蛹になったあと、驚くほど大きな美しいスズメガとして、ハチドリに似た姿で現れる。

成虫は花の蜜を餌としており、夕方に花のもとを訪れる姿はなかなかすてきなものといえなくもない（一部のスズメガの幼虫は、トマト以外の草木を餌とするので、ハチドリに似たガが庭にいたとしても、必ずしもトマトの植えこみにスズメガの幼虫がたかっているとはかぎらない）。大型で見つけやすいので、園芸家は幼虫をしばしば手でつまみとってしまうが、小さな白い繭がついていたらそのままにしておくといい。寄生バチが助けに来てくれたというわけだ。

ノミハムシ
FLEA BEETLE

この小さな生き物の名前は、ちょっかいを出されると跳び上がる性質からつけられている。ハムシ科に属しており、葉を咬んで散弾の痕のような小さ

（破壊）

な「ショットホール」をこしらえる。種によってはビーツ、メロンなどの作物にも咬み穴を開ける。ほとんどの植物は問題なく成長するが、一部の農家ではハツカダイコンなどの捕獲作物でひきつけて遠ざけたり、虫用掃除機で退治したりする。

コドリンガ
CODDLING MOTH

このガの幼虫は、リンゴにつくことでよく知られている。リンゴに穴を開けて入りこむだけでなく、洋ナシ、野生リンゴ、モモ、アンズにもつくので、果樹の害虫として最も嫌われる存在だ。さまざまな鳥やハチがこの幼虫を餌にするが、それでも足りないくらいだ。庭で果樹を栽培している人は、季節初めに虫がはびこる果実を取り去り、フェロモンを用いた罠を仕掛けるが、近隣に対策をしていない木があれば、それが永久の繁殖地になってしまう。

効果的だが時間のかかるやり方に、果実一つひとつに袋（業界では"Japanese apple bag"――「日本のリンゴ袋」という）を取りつけて虫を防ぐ方法がある――だが夏のあいだ中、木が袋だらけというかなり奇妙な光景を我慢しなければならない。

カイガラムシ
SCALE

カイガラムシ上科に属する吸汁昆虫で、樹木にしがみついてロウ状の被覆物で身を守るので、ダニのように見える。アブラムシと同様に甘露という甘いねばねばした物質を分泌するが、それが黒い煤に似たカビを成長させてしまう。体を守る殻のせいで、ほとんどの防除法が効かないが、切れ味の鈍いナイフで枝からこそぎ落とすと非常に満足のいく結果が得られる。冬に園芸

(Destructive / The Gardener's Dirty Dozen)

用スプレーオイルを噴霧しておくと、一部の寄生バチもろとも防ぐことができる。

オビカレハ
TENT CATERPILLAR

　数十匹の毛虫が枝に集まり、きめのこまかいクモの巣のような、やわらかで特徴的な「天幕」に覆われているのは、この上なくおぞましい光景といえるだろう。オビカレハ属に属するこの毛虫は、凶作の年には木を丸裸にしてしまう（通常の年は、ほとんど見かけない。一斉にわいて、いなくなるという周期を繰り返す）。満足度の高い家庭用駆除方法として、オビカレハの幼虫がはびこる木にたいまつを近づけて生息場所を焼きはらうやり方があるが、専門家はこの方法を勧めていない。安全上の理由、そして火は毛虫よりも木をいためるとの理由からだ。そのかわり、天幕を切り離してつぶすか、ビニール袋に入れて捨ててしまう方法がある。

サイコパスを探せ！

朝日出版社の本

「狂気」をめぐる冒険

ジョン・ロンソン
（映画「ヤギと男と男と壁と」原作者）

古川奈々子・訳

NYタイムズベストセラー

企業や政界の
トップには、
「人格異常者（サイコパス）」が
たくさんいる!?

そんな仮説に興味を持った、
イギリスの記者ジョン・ロンソン。
彼はサイコパス・チェックリストを手に、
サイコパス探しの旅に出る。
果たして「狂気」とは何か？
抱腹絶倒&考えさせられる
ノンフィクション！

本書に登場する奇妙なひとたち ハイチ「死の部隊」のトト・コンスタン、元英国諜報部の英雄、天才犯罪プロファイラー、リストラ大好き有名CEO、DSMの改訂者、反精神医学を掲げるサイエントロジスト、etc...

定価 1680円

あたまの地図帳
地図上の発想トレーニング19題

下東 史明＝著

地図を片手に脳内散歩。
（オールラウンド）アイデアの教科書。

世界や日本をテーマに地図と向き合い、
あたまの中を散歩し、疾走する。
「凝視」「立場」「方角」…19の思考法と出会っていく。
すべての人があたらしい思考法をインストールし、
簡単に頭脳をアップデートできる画期的な本。

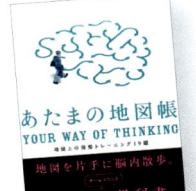

定価 1680円

ツイッター更新中 | 第二編集部 asahipress_2hen
代表（営業部） asahipress_com

朝日出版社　www.asahipress.com
〒101-0065　東京都千代田区西神田 3-3-5
Tel. 03-3263-3321 Fax. 03-5226-9599

朝日出版社の本

暇と退屈の倫理学
國分功一郎
人間らしい生き方とは何か？

定価 1890 円

**何をしてもいいのに、何もすることがない。
だから、没頭したい、打ち込みたい……。
でも、ほんとうに大切なのは、自分らしく、
自分だけの生き方のルールを見つけること。**
気鋭のスピノザ研究者が、「3.11以降の生き方」を問う。はつ刺と、明るく、根拠をもって「よりよい社会」を目指す論客のデビュー。

それでも、日本人は「戦争」を選んだ
加藤陽子
東京大学文学部教授

26万部突破

定価 1785 円

高校生に語る
日本近現代史の最前線。
普通のよき日本人が、
世界最高の頭脳たちが
「もう戦争しかない」と
思ったのはなぜか？

第9回 小林秀雄賞受賞

目がさめるほどおもしろかった。
こんな本がつくれるのか？
この本を読む日本人が
たくさんいるのか？
——**鶴見俊輔**さん（「京都新聞」書評）

被ばくの影響とは？
発がんリスクの上昇とは？
Twitterフォロワー24万人の
「東大病院放射線治療チーム」の代表が、
分かりやすくお伝えします。
——原発事故があっても人は生きていく。

放射線のひみつ

東大病院放射線科准教授
中川恵一
イラスト
寄藤文平
定価 945 円

単純な脳、複雑な「私」 池谷裕二

ため息が出るほど
巧妙な脳のシステム。
高校生たちに語る、
脳科学の「最前線」。

大絶賛！
高橋源一郎さん
内田樹さん
小飼弾さんほか

定価 1785 円

満足度の高い家庭用駆除方法に、
たいまつを近づけて
生息場所を焼きはらう方法があるが、
専門家はこの方法を勧めていない

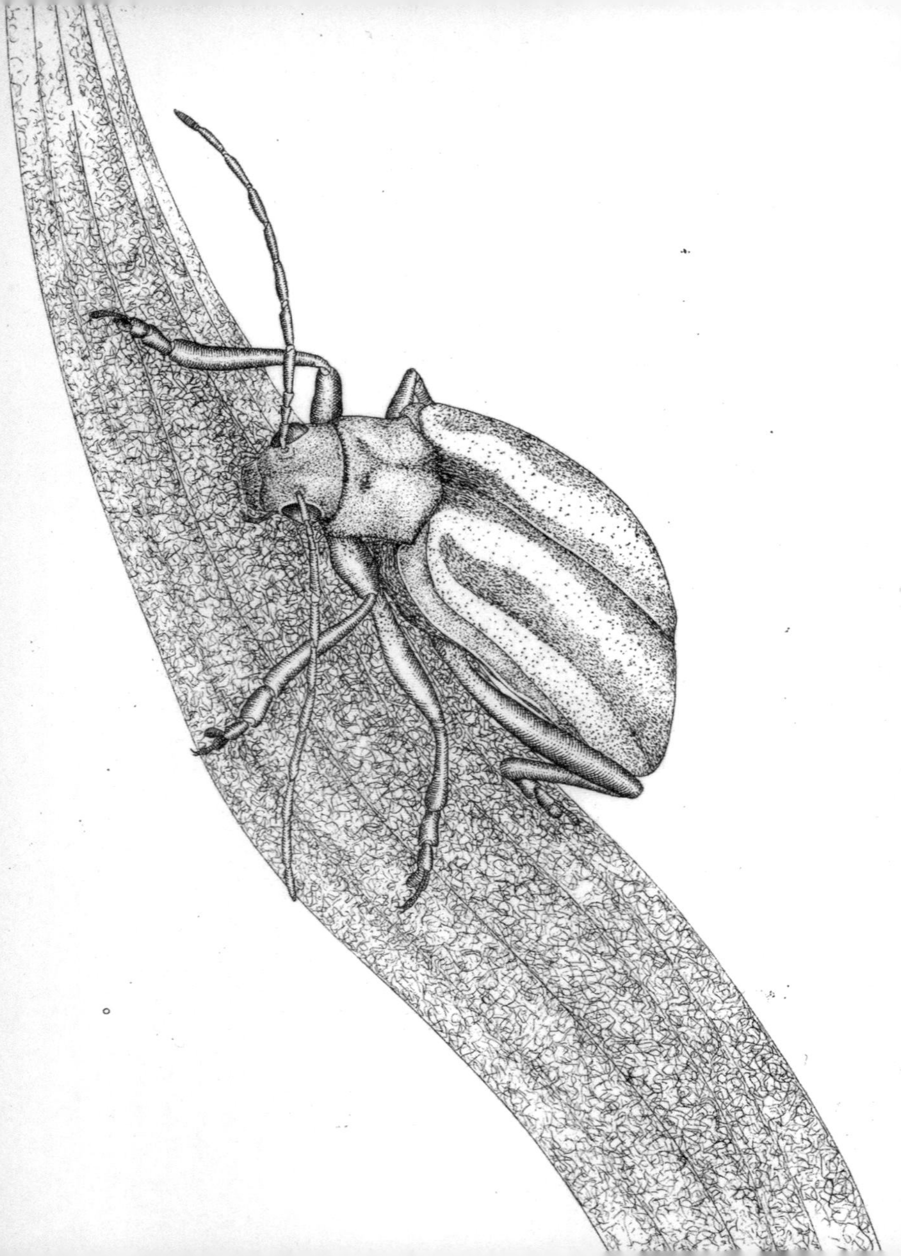

(破壊)

コーンルートワーム
Corn Rootworm
DIABROTICA VIRGIFERA VIRGIFERA AND D. BARBERI

体長	：6.5ミリ
科	：ハムシ科
分布場所	：トウモロコシのほか、数種類の野草のそば
生息地	：メキシコ、アメリカ、ヨーロッパ

　トウモロコシに大きな被害をもたらす害虫はさまざまいる。ヨーロッパアワノメイガ、トウモロコシノミハムシ、タバコガもそうだ。年間数千億ドル相当の作物損失が出ているし、防除対策にはいうまでもなく費用と危険が伴う。だが農家を出し抜くという点では、ある種の虫がほかを上回る巧妙さをみせている――コーンルートワームだ。

　名前に反して、ルートワームは蠕虫(ワーム)ではない。テントウムシほどの大きさの、小さな甲虫だ。地中で暮らし、トウモロコシの根を食べる幼虫期は確かに白い蠕虫に似ている――だが春には茶色か緑色の細長い甲虫になって姿を現すのだ。

　この数十年間、ある種のルートワームがアメリカの農家を悩ませてきた。ウェスタンコーンルートワーム（*Diabrotica virgifera virgifera*）とノーザンコーンルートワーム（*D. barberi*）だ。いずれもおそらくメキシコ由来で、先住民がトウモロコシを作物として育てるようになって、現在のアメリカに侵入してきたと考えられる。戦いの第一歩は、敵のライフサイクルを知ることだった。

　夏の終わりに、メスが地中のトウモロコシの根の間に卵を産む。卵

(Destructive / Corn Rootworm)

は越冬し、春になって土が温まった頃に小さな幼虫が孵り、トウモロコシの根を食べて生き延びる。トウモロコシは一年生植物なので、この虫の生存戦略は、農家が毎年あたらしい作物を植えてくれることにかかっている。幼虫は夏のあいだ根を食べ続けて地中で蛹になり、茎の先で果実が熟しはじめた頃に、りっぱな成虫になって現れる。成虫はトウモロコシの花粉やひげを食べ、交尾して、生涯を終える前に地中に産卵する。

ノーザンコーンルートワームは、農家を出し抜く方法を見つけた

　かつて農家では農薬で昆虫を駆除していたが、やがて化学物質に対する耐性が生まれた。ルートワームのライフサイクルを断つには、輪作が最良の戦略であることがわかった。幼虫はトウモロコシ以外の植物を食べられないので、ダイズとの輪作でライフサイクルを断てるのだ。ダイズの根しか食べるものがなくなり、幼虫は成長も交尾もせずに死に絶える。翌年にはトウモロコシを植えられるというわけだ。

　この方法が功を奏して、数十年間は農薬が減らせたし、土壌も改良できた。だが1980年代、1990年代に、何もかもが変わった。

　ノーザンコーンルートワームが、農家を出し抜く方法を見つけたのだ。食用でないダイズを1年間栽培したあと、おいしいトウモロコシを2年間育てるとわかったこのルートワームは、冬眠期間をふた冬に延ばせるように進化した。ダイズが植えられている1年間ずっと休眠してい

(破壊)

られる卵を産み、1年後にトウモロコシが植えられたときに孵化することで、有効性が実証されていた輪作を生き延びて、ふたたびトウモロコシ農家に深刻な被害を与える存在になったのだ。「長期休眠」という適応方法だ。

　ウェスタンコーンルートワームは、ノーザンコーンルートワームと異なる生存戦略をあみだして昆虫学者を驚かせた。この方法も同様に巧妙なものだった。ダイズが植えられているあいだ休眠するかわりに、ダイズを食べるのをいとわない幼虫の卵を産むようになったのだ。この、いわゆるダイズ変種は輪作にも影響を受けないので、農家ではふたたび対策を探している。新型農薬も、ルートワームには食べられない遺伝子組み換えトウモロコシも、短期的には期待できるが、ルートワームがこういった取り組みの上をいくことはわかっている。ある作物学者はこう述べている——「また別の特効薬です。前にもやった通りね。(中略)農業には、恒久的に解決できる問題などないのですよ」。

{近縁種} コーンルートワームはハムシの一種で、近縁種にアスパラガスビートル、コロラドハムシなどさまざまな害虫がいる。

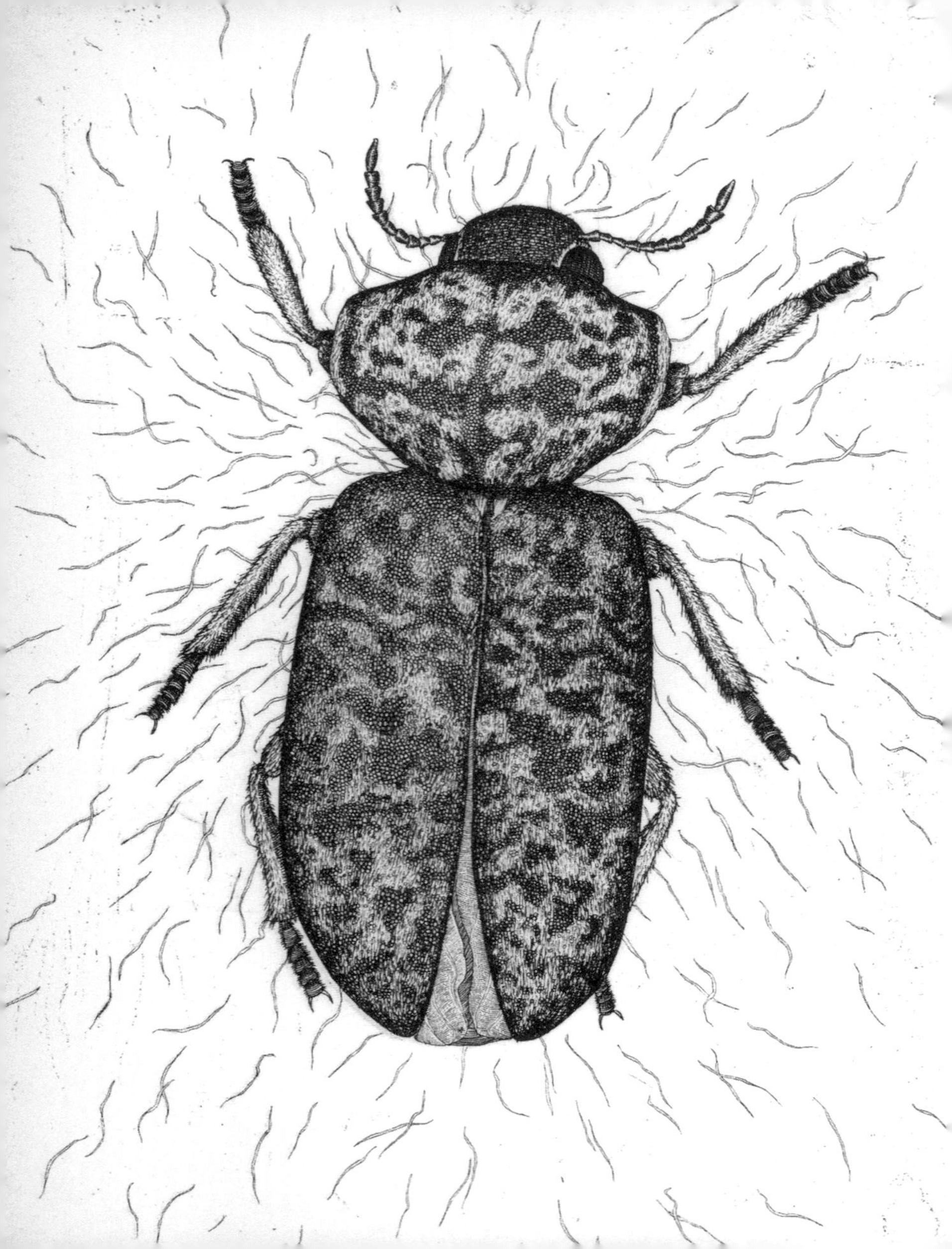

（破壊）

シバンムシ
Death-Watch Beetle

XESTOBIUM RUFOVILLOSUM

体長	：7ミリ
科	：シバンムシ科
生息場所	：森林の朽ち木や古い建物の建材
分布地	：本章でとりあげた種はイギリスに生息。近縁種はヨーロッパ各地、北アメリカ、オーストラリアに生息

「それから、そう、おれの耳に低く、鈍く、断続的な音が聞こえてきた。綿でくるんだ時計が発するような音だった。おれはその音もまたよく知っていた。老人の心臓の音だった」。

エドガー・アラン・ポーの恐怖小説『告げ口心臓』の語り手、気のふれた男の台詞だ。かれが殺した老人は、死のおとずれを耳にして夜中にうめいていたのだという。老人――そして老人を殺した男――を眠らせなかった音の正体は何だったのだろうか。

「老人はベッドでずっと上体を起こしたままだった――ちょうど毎夜、壁のなかの死番虫が発する音に耳を傾けていたおれ自身のように」。[*1]

ポーが死番虫と呼んだのは、古い家屋の梁に陣取って静かに木材をかじり、こつこつと頭を木にぶつける音で仲間を呼ぶ虫のことだ。

1790年にフランシス・グロースが書いた『方言解説――地方のことわざ、民間の迷信集』には、この虫も「死の予兆」として、名を連ねている。「死の予兆」として挙げられているのは、犬の遠吠え、棺の形をした炭の塊、洗礼の水をかけられても泣きださない子など。シバンムシ

— 123 —

(Destructive / Death-Watch Beetle)

も、死が迫っている兆しだ——「シバンムシが音をたてるのは、その家の住人のだれかが死ぬ前兆である」。

つづいて、枕もとの壁で、シバンムシがキチ、キチと気味の悪い鳴き声をたててトムの恐怖心をかきたてた——この虫が鳴くのは誰かの死の前兆なのだ

　この古い迷信は、根強く残っている。トム・ソーヤーがハックルベリー・フィンと一緒に墓場へ行くために、かれを待っていた長い夜のことを思い出してみてほしい——「やがて、その静けさのなかから、ほとんど聞きとれないくらいの物音が、しだいにはっきりきこえてきて、時計の針の音が、耳につきはじめた。古い梁が神秘的な音をたてはじめた。階段が、かすかにきしった。明らかに幽霊どもが活躍をはじめたのだ。ポリー伯母さんの部屋から、規則正しい不明瞭ないびきがきこえてきた。今度は、どんな敏感な人でもその居場所をつきとめることが不可能な蟋蟀の退屈な鳴き声がはじまった。つづいて、枕もとの壁で、シバンムシがキチ、キチと気味の悪い鳴き声をたててトムの恐怖心をかきたてた——この虫が鳴くのは誰かの死の前兆なのだ」。[*2]

　特に幼虫は、古い湿った建物を貪欲にむさぼる。事実、有名なオックスフォード大学のボドリアン図書館は、この虫たちの旺盛な食欲で飾り天井が壊れそうになって、屋根を新しくしている。多くの一般住宅も、この破壊的害虫に数十年間そっとかじられて、梁を粉々にされている。

　だがシバンムシの性質で最悪なのは、その縁起でもない音ではない。

〈破壊〉

　この鈍い灰褐色の甲虫は、湿った木材に穴を開け、粉状の木くずが詰まった小さな入口と出口を残していく。特にカビに侵された硬材を好むことが、楢の木でつくられたイギリスの古い壮大な建築物にこの虫がとてもひきつけられる理由だ。本や重厚なアンティーク家具についていることもある。最も恵まれた環境では5〜7年生きて家屋、大聖堂、図書館をむしばみ、不眠症の人々を苛立たせる。

　この虫について最も端的に語っているのは、1961年にハーパーズ誌に地方の友人を訪ねたときの逸話を寄稿した昆虫学者だ。「一日目は、夜が明けるまでに気が狂うかと思った」と、彼女は書いている。「寝室の壁紙貼りの壁の中から、音がきこえてくるのだ。まるで千の時計の音のように——カチ、カチ、カチ——。（中略）だがようやく夜が明けはじめたので、早くから書庫に下りてみた。ここでも書棚やその上の方から、あらゆる本が騒々しくカチ、カチ、カチと音をたてていた。（中略）家全体が大きな時計になったように、数千の振り子が朝から晩までカチカチと音をたてていたのだ。わたしはひどい不快感をあらわにしてしまって他の人の迷惑にならないように気をつけた。他の人たちが我慢できるなら、わたしにもできるはずだ。そして2、3日すると慣れてしまい、このぞっとするようなおそろしい音も、なくてはならない悪くないものになった」。

{近縁種} 家具、本、貯蔵食品を食するタバコシバンムシ (*Lasioderma serricorne*)、ジンサンシバンムシ (*Stegobium paniceum*) などの害虫も、シバンムシの近縁種である。

＊1 『エドガー・アラン・ポー短編集』西崎憲訳、筑摩書房、2007、p. 112、p. 114。
＊2 『トム・ソーヤーの冒険』大久保康雄訳、新潮社、1992、p. 93。

(Destructive / Bookworms)

● 本の虫

すばらしい頁の合間を余すところなく
おまえたち蛆虫はくねくねと行くがいい
だが ああ あるじの好みに敬意を表して
貴重な本はどうか勘弁してもらいたい

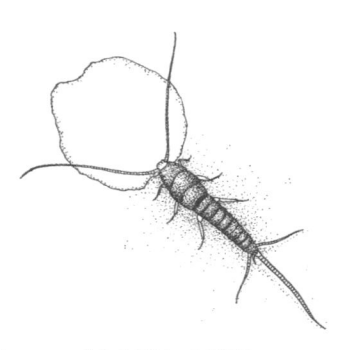

　ロバート・バーンズは『本の虫（The Bookworms）』と題した詩にこうつづっているが、実際のところ本を食べる蠕虫などいない。きわめて湿気が強いカビだらけの図書館でも、本の頁はまだ乾燥していて、蠕虫のような湿り気のある生き物が求める環境にはほど遠い。むしろ最も本をいためやすい昆虫は、シラミ、甲虫、カ、ゴキブリなどの清掃動物で、これらは意外と栄養豊かな本棚の中身にひきつけられてやってくる。

　本というビュッフェのすばらしさときたら！　一冊の本を印刷して綴じるのにどんな天然素材が用いられているか、考えてみよう——綿、米、麻、あるいは木材繊維が原料の紙に、動物の革や、木や、絹織物でつくられた表紙が、糊と膠と紐で綴じられているのだ。古い稀少本には、ベラム（動物の皮でつくった一種の羊皮紙）を使ったものもあり、ネクロファガス、つまり死肉を食する昆虫にとりわけ好まれる。

　本の虫を取り除くために、長年にわたってさまざまな有害物質が用いられてきた。木クレオソート、シダーオイル、柑橘類の葉、シア

（破壊）

ン化水素酸ガス（ナチスが強制収容所で用いた青酸ガス）、石炭酸（死体の防腐処理用薬液として、同様に強制収容所で用いられた）、猛毒の塩化水銀。現在は、低温処理を用いて化学残留物を出さずに蔵書を害虫から守っている図書館もある。

　だが最も確かな忠告をもたらしたのは、ギリシャ語で執筆した風刺作家、サモサタのルキアノスの西暦160年頃の作品だ。かれは「無知な蔵書家」批判をじっくりと論じ、読書のためでなく富をひけらかすために本を収集する者は、虫に苛(さいな)まれればいいと非難している――「ネズミにたまり場を、虫に住処を買ってやる以外の何だというのだろうか？」。15〜16世紀のオランダの人文学者デジデリウス・エラスムスも同じ考えで、「虫から守るためにも、本は使わねばならない」と書いている。

チャタテムシ（コチャタテ）
BOOK LOUSE　*Trogium pulsatorium*, others

　本をいためる原因とされることが最も多いのが、チャタテムシだ。誤解を招く英語名「本シラミ（Book louse）」の持ち主で――シラミが餌にするのは書籍ではなく、恒温動物の血液だ――実のところ紙は食べない。この白っぽくて目につきにくい昆虫は、管理状態の悪い書庫にはびこるカビや菌類を好む。これらを食する際に本の頁も巻き添え被害を受けるのだが、この虫が発生しているということは、本がかびて朽ちてしまうような環境にあるわけで、それこそ重要な問題だ。

(**Destructive / Bookworms**)

オビカツオブシムシ
LARDER BEETLE *Dermestes lardarius*

　カツオブシムシ科に属し、スキンビートルと呼ばれるほかの甲虫同様、死骸をあさって乾燥した皮膚片を食べたり、ハムやベーコンなど燻製肉を求めて食料棚をあさったりしている。博物館では昆虫標本や、水牛革、鳥の剝製に大きな被害をもたらすが、この虫たちをうまく利用した博物館もある。この虫の仲間のハラジロカツオブシムシは、死骸を掃除して展示用の骸骨を準備するという見返りある仕事を手に入れた。シカゴのフィールド博物館の学芸員は、空腹のハラジロカツオブシムシの集団なら、ネズミの死骸をものの数時間で骨だけにしてしまうし、アライグマの死骸ならおよそ1週間だと喜んでいる。「わたしたちは虫たちに食事を提供して、虫たちはきれいな骨格標本を提供してくれるのです」。

　書庫では、この肉食動物は革の装丁に咬み穴を開け、本の背表紙の中や、棚に2冊並んだ革表紙の本の合間に卵を産みつける。およそ6日後に卵から孵った幼虫は、頁の中に穴を開けてもぐりこみ、そこを静かで安全な隠れ家として蛹化する。このトンネル状の穴が虫食い穴に似ているのが、「ブックワーム」と呼ばれる所以だろう。

「虫から守るためにも、本は使わねばならない」

（破壊）

セイヨウシミ
SILVERFISH　*Lepisma saccharina*

　イギリスの博物学者ロバート・フックは、17世紀の著作の中で、骨董品をむしばむセイヨウシミを「歳月の牙のひとつ」と呼んでいる。フックによると、このすべすべした3センチ足らずの翅のない昆虫は「本や紙によく見られる生き物で、頁や表紙をそこない、食い破って穴を開けるといわれている」。実際のところセイヨウシミが食べるのは、炭水化物——糊、紙、布に至るまであらゆるものに含まれる糖やデンプンだ。また、シャンプー、石けん、ひげ剃りクリームの味も好むため、浴室にいることが多い。

———

ジンサンシバンムシ
DRUGSTORE BEETLE　*Stegobium paniceum*

　広い分布域と洗練された好みを持ち、昆虫学では「普遍種（汎存種）」と呼ばれている——本、革、アンティーク家具、チョコレート、香辛料、そしてアヘンなど薬も食べてしまう。ノミくらいの大きさしかない赤褐色の小さな虫で、貴重書室や博物館や薬局の敵としてあしざまに言われている。南カリフォルニアのハンティントン図書館に大発生した際には、トラック何台分もの本を燻蒸消毒器に入れて、エチレンオキシドと二酸化炭素の混合ガスで、小さな卵に至るまで殺さなければならなかった。

———

カニムシ
BOOK SCORPION　*Chelifer cancroids*

　紀元前343年頃、アリストテレスは『動物誌』にこう書いている。「本につく微小動物もおり、衣類にまぎれている地虫に似たものや、尾のないサソリに似ているものがあるが、非常に小さい」。おそらくこれはカニムシのことを指して

（Destructive / Bookworms）

いたと考えられる。カニムシはクモ綱に属する小さな変わったいきもので、本物のサソリではないが、サソリやロブスターのようにおそろしげなハサミをもっている。6ミリあるかないかの大きさで、頁の間にいるところを見るとかなり不安にさせられるが、実際のところカニムシが食するのはチャタテムシ、ガの幼虫、甲虫など、蔵書にはカニムシよりはるかに深刻な脅威となる昆虫だ。

アノビウム・プンクタツム
FURNITURE BEETLE *Anobium punctatum*

　本棚の敵は、本の敵だ。この虫は幼虫期に木を食い荒らす。幼虫が戸外で生きていられるのは一季のみだが、居心地のよい静かな図書館なら、本棚をかじり、装丁を見てまわって厚紙や板を探しながら2、3年生き延びる。愛書家の蔵書をいただいて充分に成長して丈夫になると、蛹室をこしらえて6週間後にはりっぱな成虫になって現れる——7ミリ未満の大きさだが、交尾も産卵もできるし、世代を重ねていける。2004年にはイスラエル国立大学図書館で蔵書に発生したが、幸いにも保管されていたアルバート・アインシュタインの手紙や論文は無事だった。

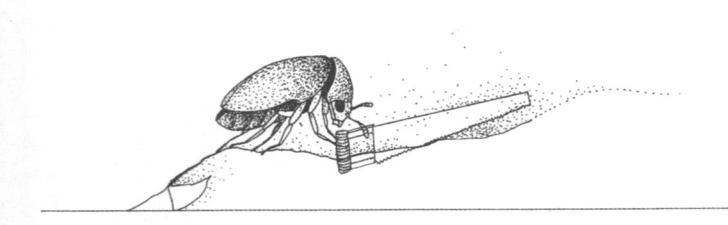

空腹のハラジロカツオブシムシの集団なら、
ネズミの死骸をものの数時間で
骨だけにしてしまう

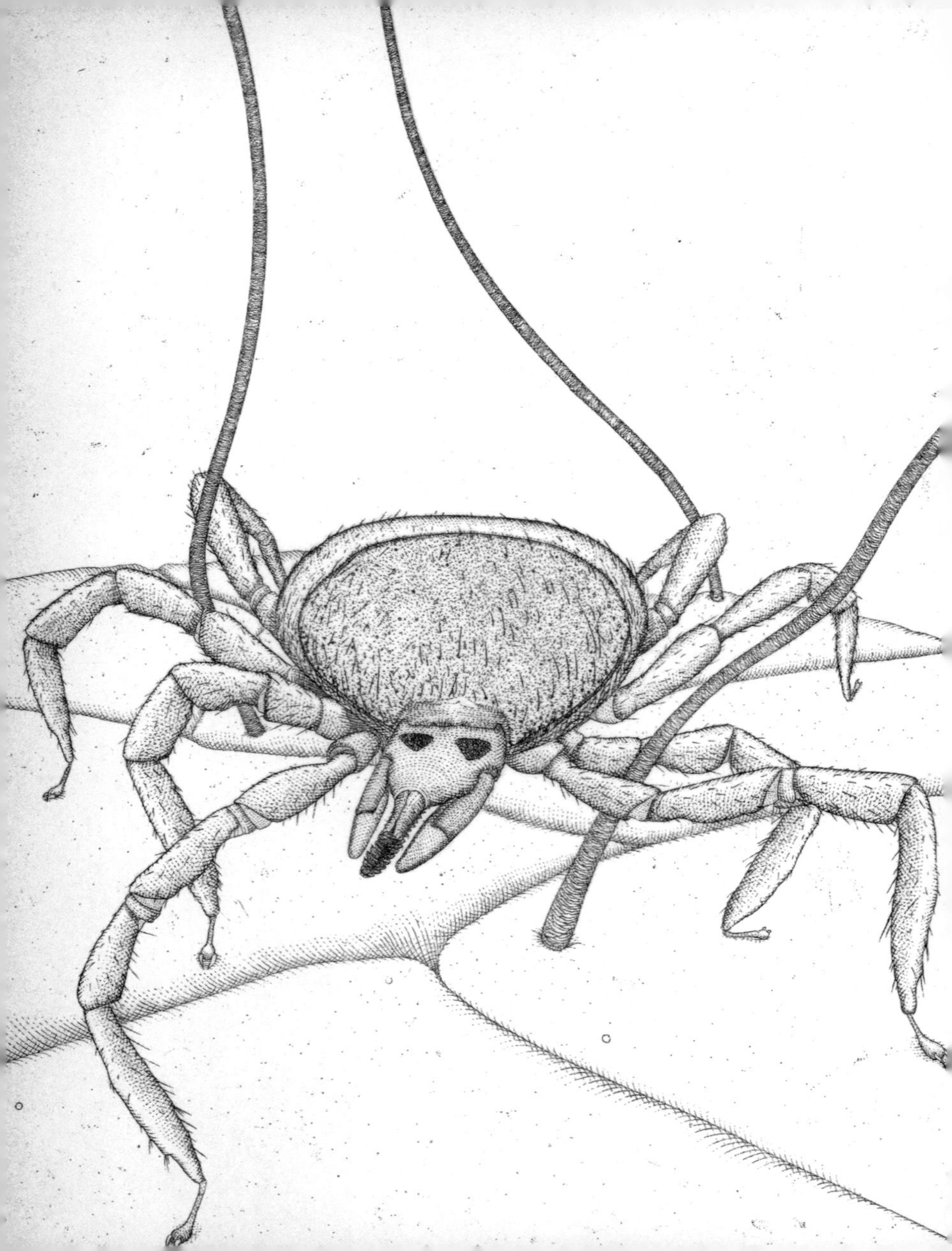

〔危険〕

クロアシマダニ
Deer Tick IXODES SCAPULARIS

体長	：2ミリ（若虫はさらに小さい――コショウの欠片くらいの大きさ）
科	：マダニ科
生息場所	：森林
分布地	：アメリカ東海岸。南はフロリダ州、西はミネソタ、アイオワ、テキサス州でも確認されている。マダニの一種 *Ixodes pacificus* は、ワシントン、オレゴン、カリフォルニア州のほか、その近隣州の一部地域にも分布

　ポリー・マレーは、家族に何かとても良くないことが起きているのに気づいていた。始まりは、1950年代後半に第一子を妊娠したときのこと。原因不明の奇妙な症状に悩まされたのだ――体のひどい痛みと疲労、謎の発疹、頭痛、関節痛、発熱――症状があまりに多く、風変わりなので、どの医師のもとを訪ねるときも、かならず一覧を持参した。数年たつうちに、夫と3人の子どもたちも同じ症状にみまわれた。家族全員が、抗生物質を服用中か、関節痛でベッドに体を預けているか、またしても検査結果が出るのを待っているかという状態になることもあった。

　彼女の生活する地元コネチカット州ライムの医師たちは、原因が突き止められなかった。家族は全身性エリテマトーデスから季節性アレルギーまであらゆる検査を受けたがすべて陰性だった。医学的にみて、おかしなところはひとつもなかった。精神科的療法を勧めた医師も何人かいたし、ペニシリンやアスピリンを勧めた医師もいた。他にどうすることもできなかったのだ。

　1975年、すべてが様変わりした。近所に同じ症状の人が2、3人いて、

〔Dangerous / Deer Tick〕

地元の子ども数人が、きわめてめずらしい若年性関節リウマチと診断されたと知って、マレーはコネチカット州衛生局の疫学者に連絡した。話を聞いた学者は情報を書き留めたが、答は出せなかった。

1ヵ月後、マレーはアレン・スティーアという若い医師に会った。かれはアトランタ疾病予防管理センターに勤務していた経験があり、ちょうど博士研究員として取り組む課題を探しているところだった。コネチカット州の疫学者から連絡があって、ライムで集団発生した若年性関節リウマチについて聞かされていたのだ。マレーから一部始終を聞いたスティーアは調査を始め、それが知られていなかったマダニ媒介性の感染症の発見につながった。地元市民の代表者たちは、おぞましい病気に町の名前がつけられることを喜ばなかったが、研究者たちはこの病気をライム病と呼び、名前が定着した。

クロアシマダニ（シカダニ）は東海岸の人口密集地域に分布しているマダニで、この地域で発生したライム病のほとんどの原因である。この虫が病気を媒介するに至った一因は、その興味深いライフサイクルにある。成長するにつれて、3種類の宿主と接触するのだ。秋に卵から孵った幼虫は、野ネズミや、ハツカネズミや、鳥の血液を餌にする。森の地面で冬を越し、春には脱皮して若虫になって——今度は小型の齧歯類か人間から——再び吸血する。夏の終わりには成虫になり、最後の1年間はおもにシカなどの大型動物から吸血して、寿命を終える。

幼虫は最初の食事で、ライム病を起こす細菌（スピロヘータの一種、ボレリア・ブルグドルフェリ〔*Borrelia burgdorferi*〕）を体内にとりこむことがある。そうなるとつぎの吸血で、この細菌を伝播する場合がある。この虫は「シカダニ」とも呼ばれているが、シカはライム病には感染しない。

(危険)

だがマダニの移動を手伝い、人間とじかに接触する場所にマダニの群れを持ちこんでくる。マダニのはびこる地域の住民は、決定的な証拠となる目玉模様の炎症、遊走性紅斑(こうはん)に気をつけている。感染後1ヵ月以内に、保菌マダニの咬(か)み跡にしばしば現れるのだ。

地元市民の代表者たちは、おぞましい病気に町の名前がつけられることを喜ばなかったが、研究者たちはこの病気をライム病と呼び、名前が定着した

ライム病はあたらしい病気ではない。紀元前1550年頃の医学文献はすでに「マダニ熱」に言及しているし、ヨーロッパの医師たちが19世紀中ずっと研究していた症状も、ライム病の症状に似ている(ヨーロッパでこの病気を媒介しているのはイクソデス・リシヌス〔Ixodes ricinus〕で、有毒植物のトウゴマに似ていることから「トウゴマダニ」と呼ばれている)。実際、何十年も前から診療にあたっていたライムの町医者たちは1920年代、1930年代に同様の症状を訴える患者を診た記憶があるという。ライム病は現在アメリカで最も頻繁に感染報告がある病気で、年間2万5千〜3万件の感染報告が出ている。

{近縁種} 全世界でおよそ900種のマダニが確認されている。

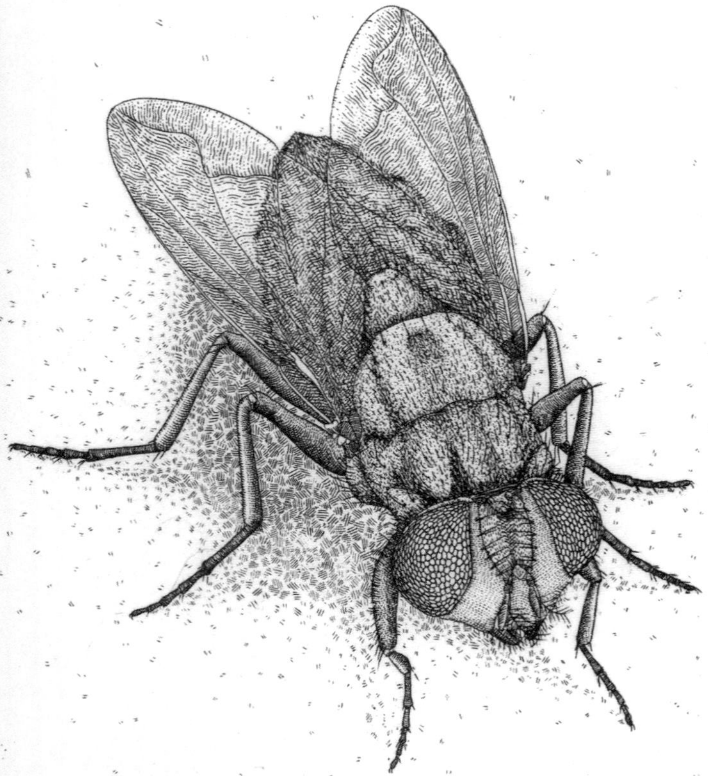

（危険）

フタスジイエバエ
Filth Fly MUSCA SORBENS

体長	：6〜8ミリ
科	：イエバエ科
生息場所	：下水、生ごみ、動物の死骸、その他廃棄物を含む腐りかけた有機物
分布地	：世界各地の比較的温暖な地域、特に人間の居住地域

　イースト川のランダルズ島は、スポーツ行事、自転車用道路、息を呑むほどみごとな眺望の遊歩道があるオアシスとして、ニューヨークの人々にはおなじみだ。少年野球チームの試合がおこなわれ、オリンピック選手がトレーニングに励み、夏にはロックバンドが野外コンサートを開催する。103丁目から行けるこの島では、ハーレムやブロンクスの子どもたち向けに、手頃なスポーツ講座が開かれている。

　だがここは、かねてから子どもたちの遊び場として望ましい場所だったわけではない。1854年から1935年の閉鎖までは、非行少年の「収容所」に用いられていた。拘留された少年たちは、労働を課されてフープスカート、靴、椅子の枠、ふるい、ネズミ捕りをつくっていた。少女たちは料理、家事、洗濯の担当で、収容者の制服はすべて彼女たちがつくった。学業に割り当てられたのは30分〜1時間。素行不良への懲罰は、夕食抜き、パンと水の食事、独房送り、体罰などだった。寝場所は監房だったが、1860年当時の責任者たちは、絶えず監視できて「ひとり不道徳に耽る」のを防ぐ広い部屋に、ハンモックをつるして眠らせる方が良いのではないかと考えた。

　少年たちはこの待遇が気に入らなかった。暴動を起こして職員たち

(　Dangerous / Filth Fly　)

に抵抗し、イースト川に飛び込んで逃げようと試みたのだ。1897年には状況が非常に悪化し、ある調査によると下水道は「不快な悪臭」を放ち、深刻な眼病、トラコーマが発生したという。毎年収容者のおよそ10パーセントがトラコーマに感染した。当時は、下水道の悪臭とトラコーマのつながりは不明だったかもしれない——だがいまでは明らかになっている。

> ベトナムに駐留していた兵士たちによると、
> 食堂にはハエがいっぱいで、どうしても
> 食事と一緒に何匹か食べてしまうはめになったという

　トラコーマは、かつてアメリカではよくある病気だった。エリス島から入国を試みた移民によくみられたのだ。富裕国ではすでにほとんど知られていない病気だが、世界中の極貧地域、難民キャンプ、刑務所では、いまも非常に多く見られる。

　トラコーマの原因菌、クラミジア・トラコマチス（*Chlamydia trachomatis*）は上まぶたに炎症を起こし、腫れと瘢痕化を繰り返すことがある。こうなると内壁が収縮して、やがては睫毛が目に入ってしまう。これが逆睫という状態で、途方もない痛みを伴い、角膜を傷つけて視力障害を起こすおそれがある。治療せずに放置すると、失明の可能性がある。

　現在のところ、感染者は8,400万人で、800万人が視力を失いつつある。中央アメリカ、南アメリカ、アフリカ、中東、アジア、オーストラリ

〈危険〉

アの各地で感染が確認されている。抗生物質で治療できて、視力障害は角膜移植で対処できる一方で、貧困国ではこれらの治療法が利用できないことが多い。トラコーマは特に女性の力を奪う。症状が出ると、火を使った調理や畑仕事ができない。そこで女性は子ども――たいていは女の子――に頼り、学校へやるかわりに、家に置いて家事を手伝わせる。夫が感染した妻を見捨てることもある。

この病は（特に母子間の）接触で広がるが、衛生担当者たちはフタスジイエバエも原因だときっぱり主張している。イエバエの仲間で、トイレや生ゴミや堆肥の山に群がり、毛で覆われた脚で菌を拾ってうろつきまわる習性から「汚物バエ」というありがたくない名前をつけられたハエだ。

手洗いをしたり、子どもの洗顔に清潔なタオルを利用したりといった基本的な公衆衛生で病気の蔓延は食い止められるが、どこにでもいるフタスジイエバエを根絶やしにするのは、困難な戦いになる。屋外トイレやごみの山がある地域では、あまりにハエが多いので、住民もすぐに叩いてやっつけようとはしなくなり、鼻や口や目にハエが出入りするのにまかせて生活している。ベトナムに駐留していた兵士たちによると、食堂にはハエがいっぱいで、どうしても食事と一緒に何匹か食べてしまうはめになったという。

解決策は、ハエを寄せつけないトイレの設計にかかっている。公衆衛生機関が、フタスジイエバエを生活の場と切り離す最良のアプローチのひとつと見なしているのは「換気口付ピット式改良型トイレ（VIP）」だ。ハエを防ぐ網つきの換気口がついている。この換気口には、風の流れを利用して空気を循環させ、悪臭を運び去る効果もある。カーター大

(Dangerous / Filth Fly)

統領の財団、カーターセンターの広報担当官の発表では、このほどエチオピアに1万個のVIPを設置する予定だったが、村人たちがとても気に入ったため、結局90万個を設置したという。カーター大統領の子ども時代を回想して、広報担当官はこう述べている。「50年前にジョージア州で使われていた屋外トイレそっくりです」。

{近縁種} イエバエ (*Musca domestica*) やサシバエが、同じ科に属している。

(不快)

● 身の内に潜りこんで

　このうえない虫嫌いにも、カブトムシやクモやアリやムカデの長所を挙げてもらうことはできるだろう。こういった虫たちにも役目はあるし、興味深い習性をもっているし、風変わりで複雑な美しさがある。だがウジを好む人はいない。名前だけでも気持ち悪さに身震いが起こる。

　この白いイモムシのようないきものは、ハエの子どもにほかならない。そしてほかの昆虫の子ども同様、グロテスクだ。たいていは母親が見つけてくれた食料に群がり、いかにも子どもらしく、食べて成長するだけの生活をおくっている。これほど嫌がられる理由があるだろうか。

　特にない。食べられているのがわれわれでさえなければ。

ヒトヒフバエ
HUMAN BOT FLY　*Dermatobia hominis*

　メキシコや中央アメリカから戻った旅行者が、ときどきみごとな日焼けと一緒に持ち帰るものがある。ヒトヒフバエは旅行者にただ乗りして、その正体がわかるのは、昆虫の咬み跡に似た炎症が一向に治らない場合だけだ。

　このハエは、人間の皮下に巧みに潜りこむ。開いた傷口から這いこむこともできるが、さらに効果的な戦法がある。カを捕えて卵を産みつけてから放し、

(Horrible / I've Got You Under My Skin)

人間の血液を飲みに行かせるのだ。卵はカが人間の腕か脚にとまったときに転げ落ちたり、カが人間に接触する瞬間に、ヒト宿主の温かみに活気づいて孵（かえ）ったりする。幼虫は卵から孵るとたちまちカの体を伝い下りて、カがこしらえた傷の中に入り込む。カがいない場合は、かわりにダニをうまく利用して人間に乗り移る。

　そのまま放置しておくと、幼虫は皮下に住みついて食事を続け、2、3ヵ月後に出てきて地面に落ち、蛹化（ようか）する。だがほとんどの人は、傷がなかなか治らなくて、皮膚の下を何かが動きまわるような違和感があれば、放置はしないだろう。傷は痛みとかゆみを伴うし、嫌なにおいのする液体がにじんでくる。虫が動きまわっているのが聞こえるという人もいる。唯一のなぐさめは、幼虫の抗菌性分泌物のおかげで、この傷からはめったに感染しないことだ。

　ヒトヒフバエの摘出は、いつも容易とはかぎらない。傷口の場所と宿主の心身の健康に左右されるのだ。診断後、帰宅して自然に出てくるのを待つように言い渡される場合もある。これはよほど、昆虫学的な好奇心の強い人でもなければ、じつに耐えがたいだろう。テープや、マニキュアや、ワセリンで傷口を覆（おお）って幼虫の息を詰まらせると、弱って取り出しやすくなるのではないかと試みる人たちもいる。医師たちは、幼虫を取り除くにあたって毒抜き器という単純な応急処置用の道具を用いており、外科的摘出ができる場合もある（幼虫がそっくりきれいに取り出せる場合のみ）。民間療法には、生のベーコンを傷口にのせておく方法もある。ウジは人肉よりベーコンを好むため、あたらしく提供された食料の方へ自発的に向かうという説にもとづくやり方だ。

Hominivorax
——人食い——
などという名前の生き物はすべて避けた方が良い

〈不快〉

ラセンウジバエ
SCREW-WORM FLY　*Cochliomyia hominivorax*

　Hominivorax——「人食い」——などという名前の生き物はすべて避けた方が良い。アメリカの農業当局はこれをよく知っていたので、1958年にきわめて進んだ技術を用いたハエ撲滅運動を展開した。オスのラセンウジバエに放射線を照射し、不妊にしてから南部一帯に放ったのだ。不妊のオスと交尾した雌は、十中八九ふたたび交尾することなく死に、ライフサイクルが断たれる。

　こういった取り組みのおかげで、ラセンウジバエはアメリカからすっかり駆逐され、たまに発生がみられるのみとなって、きわめて対処がしやすくなった。このハエにねらわれてきた家畜にとっては朗報だ——そして人間にとっても。妊娠したメスは200〜300個の卵を傷口のそばや、粘膜の縁に産みつける——人間やその他の動物(蓄牛など)の目、耳、鼻、口、性器の中に産卵するのだ。卵が孵って幼虫が食事をはじめると、その場所にさらにメスが寄ってきて、また卵を産みつけていく。幼虫は傷の奥深くにもぐりこんで傷口をひろげ、感染の危険性を高める(肉の中に体をねじこんでいくさまから「スクリューワーム」という名がついた)。幼虫は約1週間宿主の体内にとどまった後、地に落ちて蛹化する。

　1952年にカリフォルニア州中部で発生した事件は、このハエがかつてアメリカにもたらした問題の深刻さを物語っている——ある男性が裏庭でくつろぎながら、頭のまわりを飛び回るハエを追っていた。ハエの姿が見えなくなった途端、かれは鼻に妙なかゆみを覚えた。鼻をかんでみると、出てきたのはさっきのハエだった。それから2、3日で顔の片側がひどく腫れ上がり、男性は病院へ行った。医師がかれの鼻腔を洗浄すると、ウジが25匹流れ出てきた。それから11日がかりで、ハエがほんの少しのあいだ鼻の中に入ったことから住みついた200匹のウジをようやく洗い流すことができた。

　いわゆる新世界ラセンウジバエは、ほぼ遠い昔の存在になったが、中央アメリカおよび南アメリカには、いまも分布している。旧世界ラセンウジバエ(*Chrysomya bezziana*）は、アフリカ、東南アジア、インド、中東に分布している。医師たちの指摘によると、アドベンチャースポーツや「アメージング・レース」（ジャングルや砂漠を抜ける一種のトレッキング）の増加によって、アメリカやヨーロッパの新世代の人々が、ふたたびラセンウジバエと遭遇しつつあるという。

―――

トゥンブフライ
TUMBU FLY *Cordylobia anthropophaga*

サハラ以南のアフリカでおそれられているのがトゥンブフライだ。このハエのメスは、砂地（あれば汚物混じりの砂）に、最高で300個の卵を産みつける。また、干してある清潔な洗濯物にもひきつけられてしばしば卵を産みつけるので、地元の――余裕のある――人々は、衣服を乾燥機に入れるか、アイロンをかけるかして卵を殺す。

卵から孵った幼虫は、無傷の健康な皮膚にも穴を開けて、たいていはまったく被害者に気づかれたり、痛みを感じさせたりせずにもぐりこむ。それから2、3日でひどい腫れ物が生じて、そのまま放置するとかゆみと痛みを伴い、血液に幼虫の排泄物が混ざったきたない液体が出てくる。

無理やり摘出しなくても、幼虫は2週間後にひとりでに出てくる。トゥンブフライが分布しているのはアフリカのみで、その他の地域で出ている被害は、おそらくアフリカ大陸由来の毛布や布製品に卵がくっついてきたせいと考えられる。

―――

クサビノミバエ
SCUTTLE FLY *Megaselia scalaris*

世界各地に分布しているハエで、素早く急な動きで動き回るため「スカトルフライ（急ぎ足のハエ）」と呼ばれている。また、多くのハエと同様、死体にた

（不快）

かることから「コフィンフライ（棺バエ）」という別名もある。残念ながら、このハエは生きた人間のところにもやってくる。

クサビノミバエは、おそろしいことに尿道にひきつけられる習性でも有名だ。衛生状態の良くない地域で確認されている泌尿生殖器ハエウジ症——泌尿器や生殖器におけるクサビノミバエの卵や幼虫の蔓延——は、特に何らかの傷や感染症がすでに存在するときにみられることが多い。

2004年に、クウェートの建設現場で働いていたイラン人男性が、落下してきたコンクリートで負傷した。かれは骨折と裂傷を負って病院で処置を受けた。その2週間後、包帯の交換中にクサビノミバエのウジが傷口から出てきたのだ。病院の関係者が幼虫の成長具合から計算したところ、病院で寄生されたらしく、卵を産みつけられたということはハエが包帯の下に這いこんだということになる。

コンゴフロアマゴート
CONGO FLOOR MAGGOT　*Auchmeromyia senegalensis*

サハラ以南の小屋で暮らす人々は、直接地面に接しない方が賢明だ。このハエは、暖かく乾燥した小屋の床や、洞窟や、動物のいる納屋を好んで卵を産みつける。卵から孵った幼虫は、夜になると恒温動物から吸血しようと床を這っていく。夜間に人間を咬み、およそ20分かけて吸血するが、咬み跡が腫れあがって痛むだけで、病気を媒介したり皮下に潜りこんだりするわけではない。寝床にマットを敷いて眠る人は咬まれるのを避けられないが、幸いにもベッドで眠る人は、この夜行性の吸血動物にはほとんど悩まされずに済む。

だがウジを好む人はいない。
名前だけでも気持ち悪さに身震いが起こる

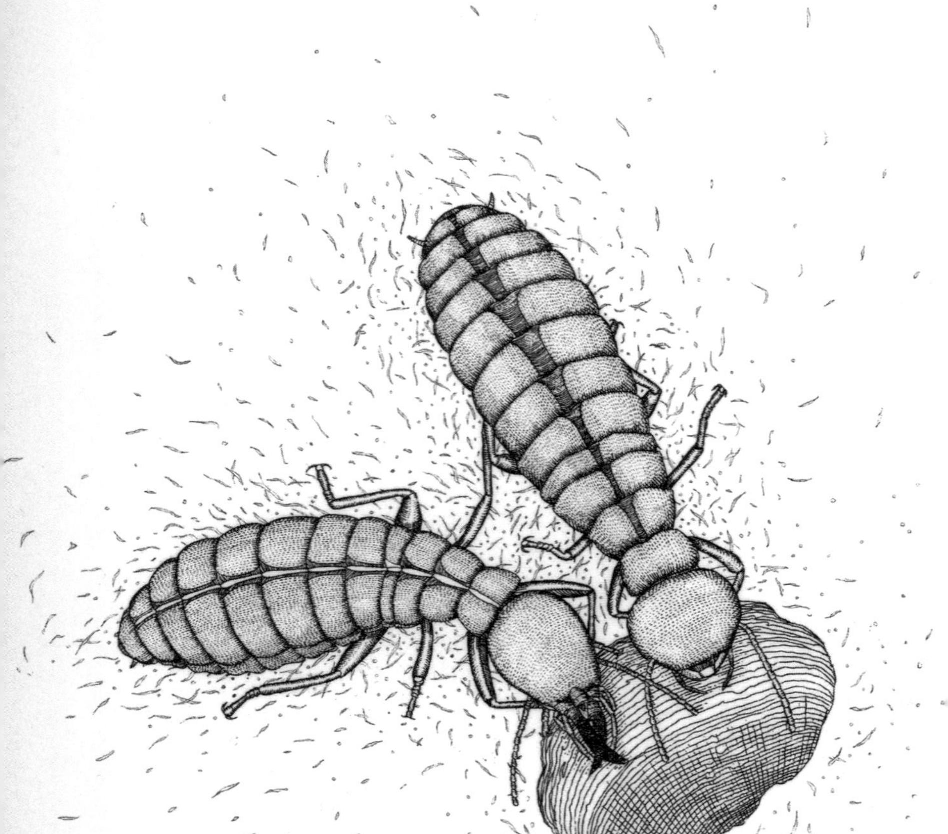

(破壊)

イエシロアリ
Formosan Subterranean Termite

COPTOTERMES FORMOSANUS

体長	：15ミリ
科	：ミゾガシラシロアリ科
生息場所	：地下、樹木の中、屋根裏、木造建築の隙間
分布地	：台湾、中国、日本、ハワイ、南アフリカ、スリランカ、アメリカ南東部

　昆虫学者マーク・ハンターは2000年にこう述べた。「最近のニュースから判断するに、イエシロアリはニューオーリンズの由緒ある地区、フレンチクォーターを食べ尽くそうとしているようです。このシロアリは、クレオソート処理された電柱や岸壁、地下信号機の配電箱、埋設電話ケーブル、生木、高圧送水管の継ぎ目も破壊します」。当時すでにかれは、このアジア由来の侵略的なシロアリが、21世紀にもつれこむ人間と昆虫の戦いにおける最大の試練となることを予測していたのだ。

　残念なことに、5年後に訪れたハリケーン「カトリーナ」が、かれの予測が正しかったことを実証した。この自然災害はアメリカ建国以来の被害をもたらし、1,833人の死者を出した。また、75万人の住まいを奪い、1930年代に中西部を襲った砂嵐以来の人口流出を招いた。被害規模は、総額およそ1千億ドルに達した。そしてニューオーリンズ復興に向けた取り組みが始まって、数十年前からこの都市を苦しめてきたシロアリが、崩壊に一役買っていたらしいことが明らかになった。街を守るはずの

(Destructive / Formosan Subterranean Termite)

防水壁の継ぎ目に、サトウキビのくずが使われていたのだ。シロアリにはたまらないごちそうだ。

　被害はまったく避けられなかったのだろうか。「カトリーナ」上陸の17年前に、シロアリに最もひたむきに立ち向かった人物が世を去っていた。1989年、ルイジアナ州立大学Agセンターの昆虫学者ジェフリー・ラファージュは、フレンチクォーターにおけるあたらしいシロアリ駆除計画の立ち上げを記念して、同地区に夕食をとりに出かけた。夕食後、友人とともにフレンチクォーターを歩いていたところに強盗が近づいてきて2人を撃ち、ジェフリーは命を落とした。かれの死によって、この地域のイエシロアリ防除の取り組みは何年も遅れた。

　Agセンターの同僚で昆虫学者のグレッグ・ヘンダーソンが、戦いを引き継いだ。かれは「カトリーナ」上陸の5年前に、防水壁にイエシロアリがはびこる事実について警鐘を鳴らし、最悪の予測が現実になるのを慄然として見守った。「防水壁と堤防が決壊するのをニュースで見ていました」と、ヘンダーソンは述べている。「まずいことが起こりつつあるのを知っているとき特有の吐き気に襲われました」。不十分な計画と整備不良が決壊を招いたのは事実だが、一方でイエシロアリが果たした役割は看過できないものだった。以来、ヘンダーソンはイエシロアリを防水壁から遠ざけて、捕獲と退治が容易にできるところへ誘導する計画に取り組んでいるが、当局の関心は得られていない。

　イエシロアリは、数十年前からニューオーリンズを悩ませていた。第二次世界大戦後に帰港した船に乗ってきたらしい。ニューオーリンズの湿気混じりの熱帯気候と、古い木造建築物が豊富な環境が、害虫の温床になった。フレンチクォーターの連棟住宅は、特にイエシロア

（破壊）

リが繁殖しやすい——ひとつの建物で駆除を試みたところで、イエシロアリを隣の住居に移らせるにすぎないのだ。「カトリーナ」到来以前から、住民はシロアリ被害のせいで年間約30億ドルを失い続けていた。

> **ニューオーリンズの防水壁の継ぎ目には、サトウキビのくずが使われていたのだ。シロアリにはたまらないごちそうだ**

イエシロアリの女王は最長25年間生きながらえて、働きアリが欠かさず運んでくる食事と、女王アリとの交尾のみを務めとする王アリとの情熱的な逢い引きを楽しむ。そして毎日数百個——あるいは数千個——の卵を産む。卵から孵った幼虫は働きアリに育てられたあと、つぎのいずれかの道をたどる。働きアリとして木を食べてコロニーに食料を提供するか、兵隊アリとして特殊な防御法をとって攻撃者をやっつけるか、ニンフになってやがては予備の王・女王候補、もしくはみずからのコロニーをもつ王や女王候補の「羽アリ」に成長するか。フレンチクォーターでは、羽アリの群れは4月末から6月まで街灯の周辺で見られる。6月は特に多く、街灯の明かりが暗くなり、旅行者も逃げ出すほどだ。

　一部の害虫駆除専門家たちは、ハリケーン「カトリーナ」が明るい希望をひとつもたらしたのではないかと期待した——イエシロアリの大量溺死だ。残念ながら、シロアリたちは屈しなかったのだが。この昆虫は消化した木片、排泄物、唾液を材料に巣をつくる。巣の中には小

(Destructive / Formosan Subterranean Termite)

部屋や通路が複雑に入り組んでいて、数百万匹のシロアリが生活できる。ほとんどのコロニーは、ハリケーンに次いで洪水が発生しても、巣のおかげで安全で乾いた環境にいたのだ。家や店舗の持ち主は建物を離れ、害虫を増やさないためにかれらが従っていた入念な害虫駆除計画もおこなわれなくなって、再びイエシロアリの増殖に最適な条件が整っている。

{近縁種} 世界各地で約2,800種のシロアリが確認されている。

(苦痛)

●アリの行進

　有毒生物の刺咬傷(しこう)を研究している昆虫学者ジャスティン・シュミットは「刺咬傷の痛み指数(Schmidt Sting Pain Index)」を作成して、アリなどの刺咬性生物に襲われた場合の痛みを数値化した。かれは予想外に詩的な解説で、アリの刺咬傷をミツバチやスズメバチなどと比較して順位をつけている——

1.0　　コハナバチ：軽く、一時的で、フルーティーともいえる。腕の毛を一本、小さな火花で焦がしたような痛み。

1.2　　ファイアアント：鋭く、急激で、やや警戒感を与える。毛足の長いカーペットの上を歩いていって照明のスイッチに手を伸ばしたときの静電気の痛み。

1.8　　ブルホーンアカシアアント：稀にみる、刺すような、高貴な類(たぐい)の痛み。頬にホッチキスの針を打ち込まれたような痛み。

2.0　　ボルドフェイスホーネット：こくがあって、力強く、ほんの少しざっくりしている。回転ドアに手をはさんだような痛み。

2.0　　イエロージャケット：熱く、スモーキーで、不遜ともいえる。W・C・フィールズ[*1]に、煙草の火を舌の上で消されたような痛み。

2.x　　ミツバチ、モンスズメバチ：マッチを擦って肌を焼くような痛み。

3.0　　アカシュウカクアリ：力強く、間断がない。足の巻き爪をドリルで掘り起こされるような痛み。

3.0　　キアシナガバチ：痛烈でひりひりする。明らかに後味が

(Painful / The Ants Go Marching)

苦い。紙で切った傷にビーカー入りの塩酸をこぼしたような痛み。

4.0　　オオベッコウバチ：目がくらむほど猛烈で、ぞっとするほどの刺激を伴う。使用中のドライヤーを泡風呂に落とされて感電したような痛み。

4.0+　　ネッタイオオアリ：混じりけがなく、強烈で、鮮やかな痛み。燃え立つ炭の上を7センチ以上の錆び釘が刺さった踵で歩くような痛み。

　アリは非常に役立つ生き物で、有機物を分解するシュレッダーの役割をして、栄養素を土に還し、食物連鎖に属するほかの小さな生き物の食料になる。驚異的な社会組織を構成しており、労働分担、高度なコミュニケーションがみられる複雑なコロニーを維持しており、団体で任務を遂行するめざましい能力を有している。戦争をして、キノコの栽培室を手入れして、保育所などコミュニティに大切な機能のある小部屋がいくつも備わった複雑な巣をこしらえる。だが一部のアリの行動は、単に興味深いだけでない——おそろしく、ときにはみごとな痛みを伴うものもあるのだ。

ファイアアント（ヒアリ）
FIRE ANT　*Solenopsis invicta*

　別名アカヒアリ。南アメリカ土着の種で、最大25万匹からなるコロニーを

（苦痛）

形成し、アブラムシの分泌物のほか、動物の死骸、ミミズ、ほかの昆虫を食する。鳥や齧歯類の巣を乗っ取り、ダイズやトウモロコシといった作物の根をむさぼり、農機具までだめにする。

　機械や電気設備をいじる腕前はとりわけやっかいだ。配線、スイッチ、制御装置まわりの絶縁体を咬んで、トラクターを動かなくしたり、電気回路をショートさせたり、エアコンを壊したりする。信号を使えなくしたこともあるし、テキサス中部のいまはなき超大型加速器プロジェクトも危うくした。ファイアアントによる総被害額は、アメリカ全国で年間20億ドル超に相当する。

　だがほとんどの人がおそれるのは、その凶悪なひと刺しだ。ファイアアントが生息する——ニューメキシコ州からノースカロライナ州に及ぶ——地域の住民のおよそ3分の1〜半分の人々が、毎年このアリに咬まれている。ファイアアントが攻撃をしかけるのは、おもにうっかりコロニーに足をつっこまれたときだ。しっかり咬みついたところで毒液を注入するので、刺された場所がすぐに痛みだす。払いのけないと、同じ場所をさらに2、3回刺す。傷跡は赤く膨れあがり、中央に膿疱ができる。

　ひどくやられたところを（よくあることだが）掻いてしまうと、細菌感染して跡が残る。建設作業員や造園作業員などは、コロニーに遭遇して一度に数百ヵ所やられることもある——腕や脚がひどく腫れあがり、1ヵ月以上治らないこともある。2006年には、サウスカロライナ州の女性が庭仕事の最中に襲われ、ハチに刺された場合と同様にアナフィラキシーショックを起こして死亡している。

　ファイアアント駆除の試みには費用と時間がかかり、それでいて効果があがっていないため、生物学者E・O・ウィルソンは「昆虫学のベトナム」と称している。農薬散布は競争関係にある生物のみを一掃して、結果的にファイアアントの足場固めを助けてしまった。現在、オーストラリア当局はヘリコプターで駆除にあたり、熱探知器で巨大な塚のありかを突き止めて、殺虫剤をアリの巣に直接注入している。

⟨ Painful / The Ants Go Marching ⟩

サスライアリ
DRIVER ANTS　*Dorylus* spp.

　サスライアリは空腹になると放浪を始める。指導者なしで群れをなして、アフリカ中部、東部の村々になだれこみ、行く手にあるものをすべて破壊してしまう。2千万匹ものアリが集団になり、トンネルを築いて進んでいって、バッタ、ミミズ、甲虫のほか、さらに大きなヘビやネズミなども打ち倒す。体長2.5センチのこのアリたちは、村や人家を突っ切っていくため、襲来中はその場を立ち退くしかない。必ずしも悪い話ではない。アリたちは侵攻の際にゴキブリ、サソリ、その他の家屋害虫を一掃するからだ。

　2009年のこと。進化研究のためにルワンダでゴリラの死体を発掘していた考古学者がある朝目を覚ますと、サスライアリの川が発掘現場を流れていた。「そうそう、今日はついてないよ」と、仲間のひとりが口にした。かれらは防護服を身につけて、できるだけアリの群れから離れていることにした。発掘場所に戻ってみると、サスライアリはかれらに便宜を図ってくれていた。地中にいた他の虫は一掃されて、きれいな骨格標本が無傷のまま回収できたのだ。

―――

ネッタイオオアリ
BULLET ANT　*Paraponera clavata*

　「弾丸アリ」という別名は、刺されると銃で撃たれたように感じることからつけられた。南アメリカに分布するこの体長2.5センチのアリに不運にも襲われた人々によると、耐えられない痛みが数時間続き、2、3日かけてやっとおさまるという。刺された手足が一時的に使えなくなったり、吐き気を催したり、震えが出たりする場合もある。

　イギリスの博物学者で、テレビスターでもあるスティーブ・バックシャルは、ブラジルでドキュメンタリーの撮影中に、あえてネッタイオオアリに刺されてみたことがある。サテレ゠マウェ族の成人男子と認められるための通過儀礼

（苦痛）

の一環として、アリの大群に10分間立て続けに刺される経験をしたのだ。バックシャルは痛みに泣き叫び、七転八倒した。毒液に含まれる強力な神経毒の作用で、かれはまもなくよだれを垂らしはじめ、ほぼ無反応になった。かれはレポーターたちにこう語っている。「鉈があったら、痛みから逃れるために腕を切り落としていただろうね」。

アルゼンチンアリ
ARGENTINE ANT *Linepithema humile*

こげ茶色の小型のアリで、おそらく1890年代に南米からコーヒーを積んできた船にまぎれこんでニューオーリンズに来たと考えられている。温暖湿潤な海岸気候がとても合ったため、南東部一帯に広がり、西はカリフォルニア州にも分布するようになった。柑橘類を栽培する農家は、すでに1908年には警鐘を鳴らし、駆除を試みてきたが、効果がなかった。近年、アルゼンチンアリが数百キロメートルに及ぶスーパーコロニーを形成するという恐怖映画のような事実が明かされた。

体長は3ミリで、大きさのわりに攻撃的な性質をもつ。人間を刺したり咬んだりはしないが、10倍の大きさの土着のアリのコロニーを一掃した。土着のアリがいなくなって、食物連鎖の上方に位置する生き物たちは食料を失った。カリフォルニア州に分布するコーストツノトカゲは好みの食料を失っただけでなく、アルゼンチンアリの襲撃にも立ち向かわざるを得なくなった。

だが、アルゼンチンアリが好む食料は、ほかのアリではない。アブラムシやカイガラムシが分泌する甘露だ。この虫たちに充分な甘露を分泌させるために、アルゼンチンアリはアブラムシやカイガラムシを「飼育」する。これらの害虫がバラや柑橘類などの植物をいためつけているあいだ保護してやり、充分に食料が得られるように運んでやりさえする。

アルゼンチンアリはひとつの巣に数百万匹いることもあり、かれらがもたら

(Painful / The Ants Go Marching)

す混乱はほとんど想像を絶する。ほかのアリ、シロアリ、スズメバチ、ミツバチ、鳥までも巣から追い出し、農作物に被害を出しているのだ。このアリはとてつもなく組織立った軍隊的なやり方で行動し、決して仲間同士では戦わず、つねに協働して使命を果たす。

　現在の昆虫学では、サンディエゴからカリフォルニア州北部にかけて生息するアルゼンチンアリが、遺伝的に似たアリのスーパーコロニーであることがわかっている。ヨーロッパのコロニーは地中海沿岸に広がっているし、オーストラリアや日本でもスーパーコロニーが確立されている。これらのコロニーに属するアリたちは非常に近い関係にあり、お互いに争うことをことのほか嫌がるので、一体になって使命を果たすひとつの世界的な巨大コロニーと考えてもいい。

※1　W・C・フィールズはアメリカのコメディアンで映画俳優。葉巻がトレードマークで、意地悪なキャラが売り物。

**ファイアアント駆除の試みには費用と時間がかかり、
それでいて効果があがっていないため、
生物学者E・O・ウィルソンは「昆虫学のベトナム」と称している**

（苦痛）

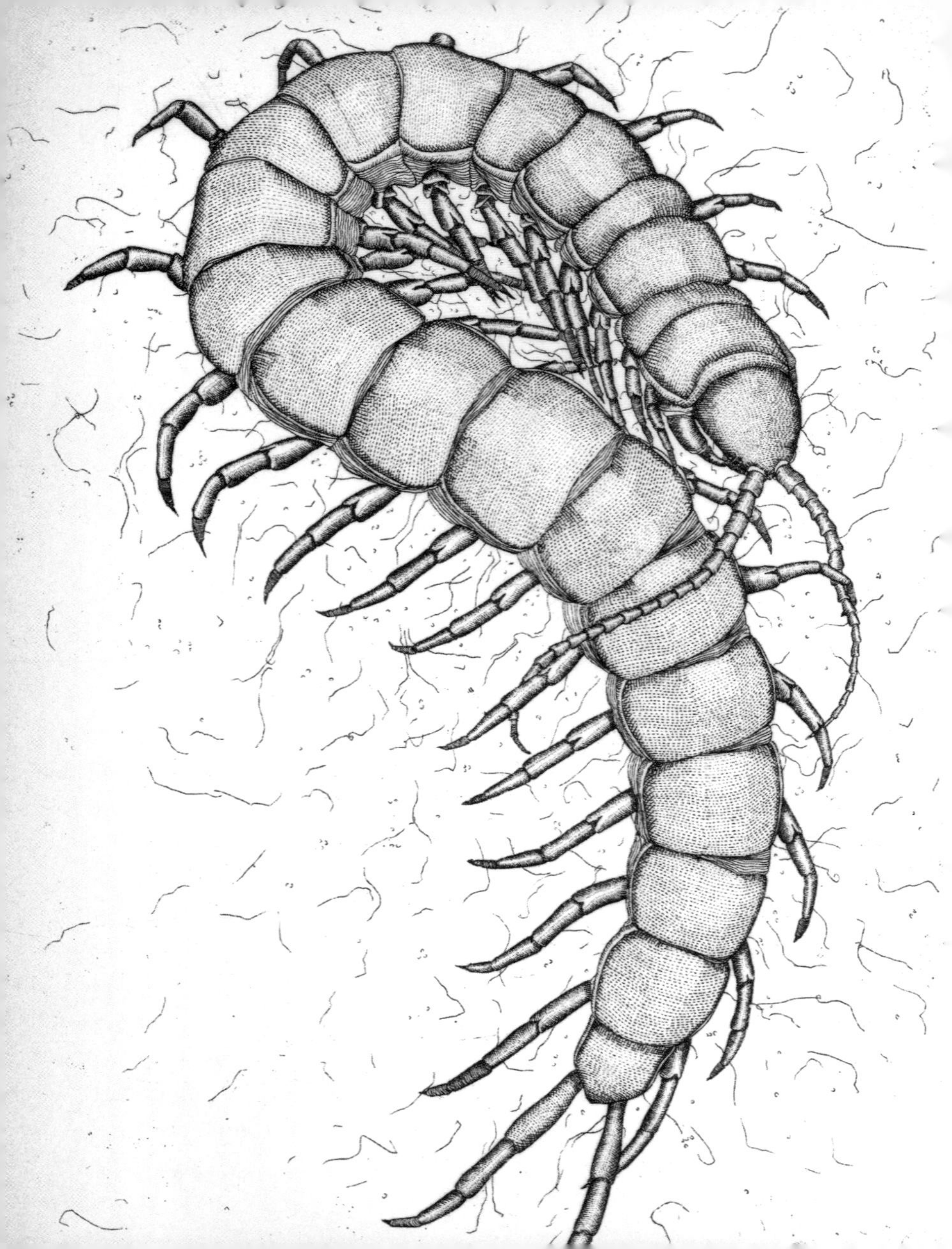

(苦痛)

ペルビアンジャイアントオオムカデ
Giant Centipede
SCOLOPENDRA GIGANTEA

体長	：～30センチ
科	：オオムカデ科
生息場所	：岩石の裏や、落ち葉の下や、林床など湿潤環境
分布地	：南アメリカの森林

2005年のこと。32歳の心理学者がロンドン北部の自宅でテレビをみていると、書類の下からかさかさと奇妙な音がした。かれはネズミだろうと思って身を起こしたが、なんとそこにいたのは、体長23センチほどの生きた化石めいた生物で、無数の脚でこそこそと逃げだした。幸いにもこの学者は、プラスチック容器を摑んでそいつを触らずにすくい上げるだけの冷静さを持ち合わせていた。

翌朝ロンドンの自然史博物館に持っていったところ、博物館の昆虫学者は、日々訪問者たちが持ちこむありふれた昆虫が入っているものと思って鞄をのぞきこんだ。だがかれが「鞄から取り出した生き物を見て、動揺しました」と、昆虫学者は記者たちに語った。「わたしも、これを見せられるとは思っていませんでした」。

それは、世界最大のムカデ、ペルビアンジャイアントオオムカデだった。南アメリカに分布しているこの巨大な生き物は、体長30センチに成長し、咬み傷から強力な毒をおくりこむ。21または23の体節があり、各体節から1対の脚が突き出しているが、頭部に隣接する体節には毒を隠しもつ顎肢がある。ペルビアンジャイアントオオムカデの毒は強力で、

(Painful / Giant Centipede)

咬まれたところが腫れあがり、痛みは手や足の咬み傷の上下に広がり、わずかに壊死(組織の死)もみられる。このように深刻な咬傷になると、吐き気、めまいなどの症状もめずらしくないが、通常は単純な医療処置のみで治療できる。

　人間なら、ペルビアンジャイアントオオムカデに咬まれても十中八九死なずに済むが、トカゲ、カエル、鳥、ネズミなどの小動物は、それほど恵まれていない。ベネズエラの研究者たちは、このムカデが洞窟の壁から逆さまにぶらさがって小さなコウモリをうれしそうにむしゃむしゃ食べているところを見つけた。同じ光景を何度か目撃するうちに、かれらはこのムカデが体の後方の数本の脚で洞窟にぶらさがって、飛んでいくコウモリを空中で捕らえるというおそろしいほどの計画性と独創性をもっていることに気づいたという。

**このムカデは後方の数本の脚で洞窟にぶらさがって、
飛んでいくコウモリを空中で捕らえるという
おそろしいほどの計画性と独創性をもっている**

「百足(ムカデ)」といっても、必ずしも脚が百本あるわけではない。ヤスデとちがうのは、各体節から生えている脚が2対でなく1対である点だ。脚の本数は種によって異なる。そしてどのムカデも咬むが、小型であるせいでたいした苦痛を与えない種も多いし、口器がとても小さくて柔らかいため、人間の皮膚を突き通せない種もある(それでも決して素手で扱ってはいけない)。北アメリカ一帯に分布しているゲジ(*Scutigera*

(苦痛)

coleoptrata)は、妙に長い脚が15対あっておっかない外見だが、咬まれてもほとんど痛くない。トコジラミ、セイヨウシミ、カツオブシムシ、ゴキブリを食するため、この虫がいるところには、もっと警戒すべき虫が蔓延している可能性がある。

　ムカデには、一部の昆虫がもっているような乾燥を防ぐロウ状の表皮がないため、湿ったところにいなければ死んでしまう。脚の後ろにある小さな穴で呼吸しており、ここから息を吐く際に水分が失われるため、脱水の危険性はなおさら高い。かれらの交尾方法は妙にさめている——メスが見つけそうな場所を選んで、オスが精子を地面においておくのだ。精子のある方向へメスを押しやるオスもいるが、それ以外に情熱的な接触はないに等しい。しかし、メスのペルビアンジャイアントオオムカデは卵が孵るまで抱き続け、鳥が巣でヒナを守るように、捕食者から卵を守る。

　ムカデの咬傷の痛みは、ほとんどの場合はムカデの体長と関係があり、結局注入される毒の量に左右される。アメリカ南東部の人々がスコロペンドラ・ヘロス(*Scolopendra heros*)をおそれるのは当然で、この体長約20センチのムカデは、とんでもない咬傷を負わせる。何度もこの種のムカデに咬まれたある軍医は、その痛みを1から10で表すと10だとしたうえで、市販の薬は効かなかったが、不快感と腫れは1、2日ですっかりおさまったと述べている。

　居間でペルビアンジャイアントオオムカデを発見したイギリス人のその後は？　博物館の関係者たちは当初、輸入果物の箱にまぎれこんで南アメリカからイギリスに持ちこまれたと推測していた。しかしかれの隣人が名乗り出てきて、ペットとして飼うつもりで地元のペットショ

(Painful / Giant Centipede)

ップで購入したと告白した(この種のムカデは最長10年間生きるので、長くつきあうことになる)。ムカデは持ち主に返されたが、もう隣人を訪ねることがないようにしてもらいたいものだ。

{近縁種} 世界でおよそ2,500種が確認されている。オオムカデ科に属するその他のムカデは、おもに熱帯に分布している。

（苦痛）

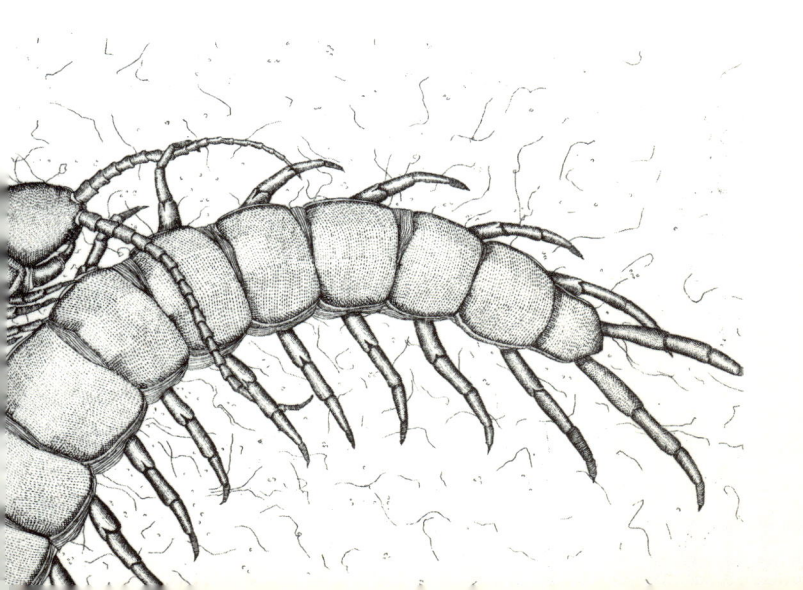

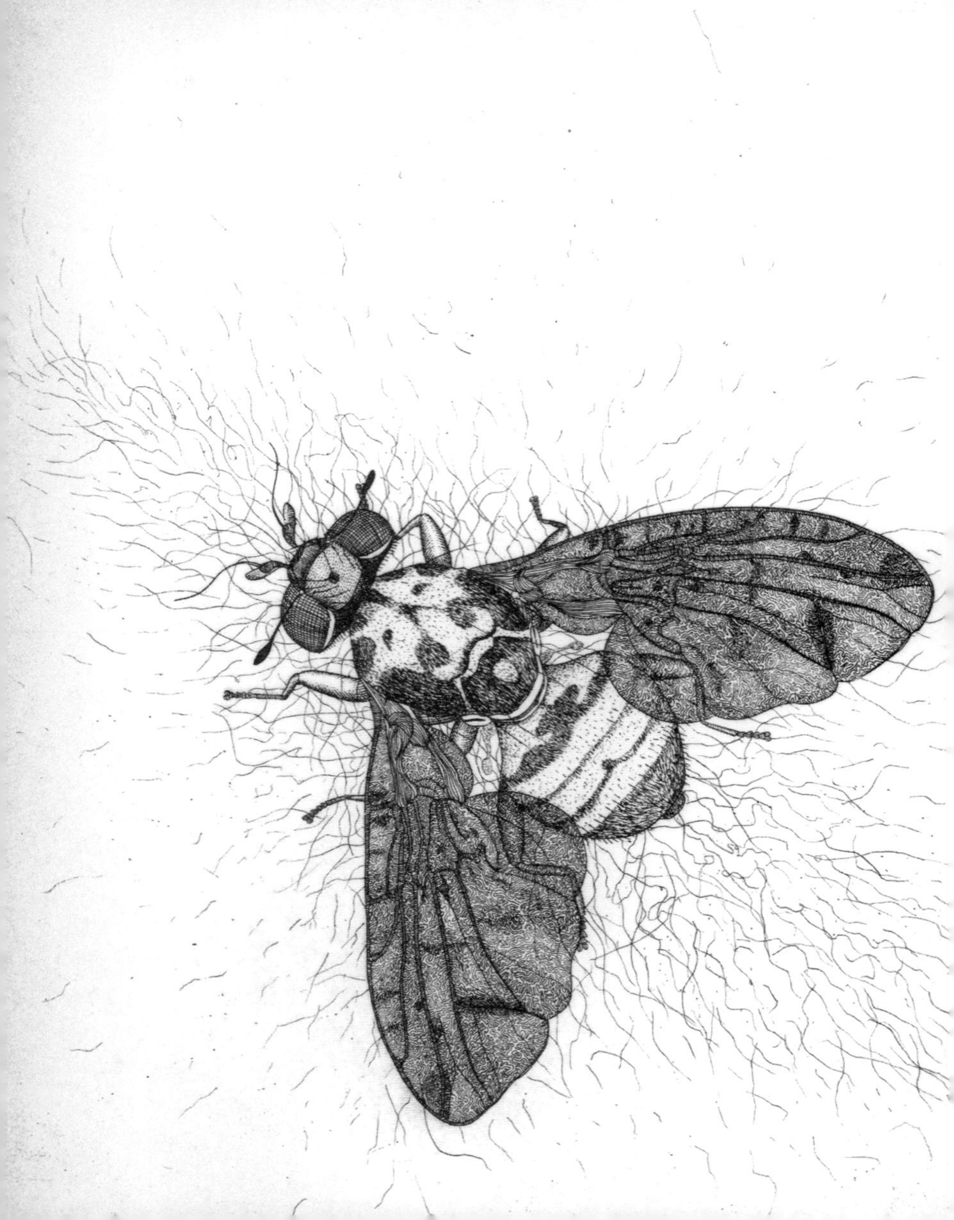

（破壊）

チチュウカイミバエ
Mediterranean Fruit Fly
CERATITIS CAPITATA

体長	：〜6ミリ
科	：ミバエ科
分布場所	：熱帯地域および果物が豊富な果樹園
生息地	：アフリカ、北アメリカ・南アメリカ、オーストラリア

1929年、フロリダの昆虫学者が発表した――「フロリダ州で確認されたチチュウカイミバエとは、大陸をあげて戦う必要があります。（中略）この敵は、アメリカがこれまで戦いを強いられた相手とはちがう。被害の深刻さをあなどっては、何も得られません。急速かつ静かに活動するしつこい敵で、いまのところこれに寄生する天敵は見つかっていないのです」。

戦いは熾烈だった。チチュウカイミバエはひどくおそれられており、1983年にマイアミ国際空港で1匹発見されたときは、ニューヨークタイムズ紙で大きくとりあげられた。このハエはワシントンDCに届けられ、妊娠検査にかけられた。結果は陰性で、だれもが胸をなでおろした。

当時すでにチチュウカイミバエは、ニュースに散々とりあげられていた。1981年、カリフォルニア州知事ジェリー・ブラウンは、やっかいな政治的ジレンマに陥った――マラチオンの空中散布を承認してハエを殺し、環境保護運動家との関係を悪化させるか、それとも空中散布

(Destructive / Mediterranean Fruit Fly)

を承認せずに、数十億ドル規模のカリフォルニア州の農産業を台無しにするか。知事はできるかぎり散布を先延ばしにしたが、結局ロサンゼルス、サンノゼなどの地域では、ヘリコプターによる農薬散布の騒音で、住民が夜中に目を覚ます結果になった。散布に反対した住民は、カリフォルニア環境保全部隊の長官が、希釈したマラチオンを記者会見の席で飲み干して安全性を立証する様子を見せられた。

　もともとチチュウカイミバエの分布地はサハラ以南のアフリカで、おそらく輸入品にまぎれてアメリカにやってきたと考えられている（禁酒法も関係があっただろう――酒類の密輸入者たちがバミューダ諸島から密造酒を持ちこむ際に瓶を隠した藁が、ハエの隠れ家になったのだ）。アメリカではチチュウカイミバエが発見されるたびに、念入りに根絶に取り組んできたため、いまだ定着してはいない。

酒類の密輸入者たちがバミューダ諸島から
密造酒を持ちこむ際に瓶を隠した藁が、ハエの隠れ家になった

　チチュウカイミバエのライフサイクルは、わずか20〜30日で完結する。メスは果実――柑橘類、リンゴ、モモ、洋ナシなど――の外皮のすぐ下に、卵を数十個産みつけて穴をふさぐ。卵から孵った幼虫はすぐさま果実を食べはじめるので、農作物としては台無しになってしまう。幼虫は1、2週間で――期間は果実の熟し方と天候に左右される――果実を離れ、地に落ちて蛹化してさらに数週間過ごす。成虫になると交尾をして、メスはすぐに卵をたくさん産む。天候に恵まれると、成虫は6ヵ月生き

〈破壊〉

延びて、その間ずっと作物をなめ、卵を産んで過ごす。このハエの餌になる果物や野菜は250種もある。

1981年の農薬散布で、チチュウカイミバエは食い止められた——しばらくは。カリフォルニア州はこのハエの撲滅に1億ドルを費やしたが、結局8年後にはまた現れたのだ。再び農薬散布をおこない、オスの不妊バエを放ち、罠を設置して、厳しい検疫をおこない、さらなる惨事を回避した。チチュウカイミバエは2009年に再び現れ、またしても検疫がおこなわれ、防除策が講じられた。北アメリカ、南アメリカ、オーストラリアでも、この害虫に作物が脅かされた各地で、同様の取り組みがおこなわれている。

1989年12月、チチュウカイミバエの歴史において最も奇妙な出来事が起きた。「ブリーダーズ」と名乗る環境テロリストの一団がロサンゼルス市長に手紙を送りつけ、農薬散布を止めなければチチュウカイミバエの大群を放つと脅したのだ。事実、当局では通常と異なる発生パターンを確認しており、破壊工作が原因と考えられた。犯人は捕まっておらず、当局では、脅迫は単なるいたずらだったのではないかと疑う見方が主流である。

{*近縁種*} ミバエ科に属するミバエは約5千種で、オリーブミバエ（*Bactrocera oleae*）、グアバミバエ（*Anastrepha striata*）、ヒメウリミバエ（*Dacus ciliatus*）などがいる。

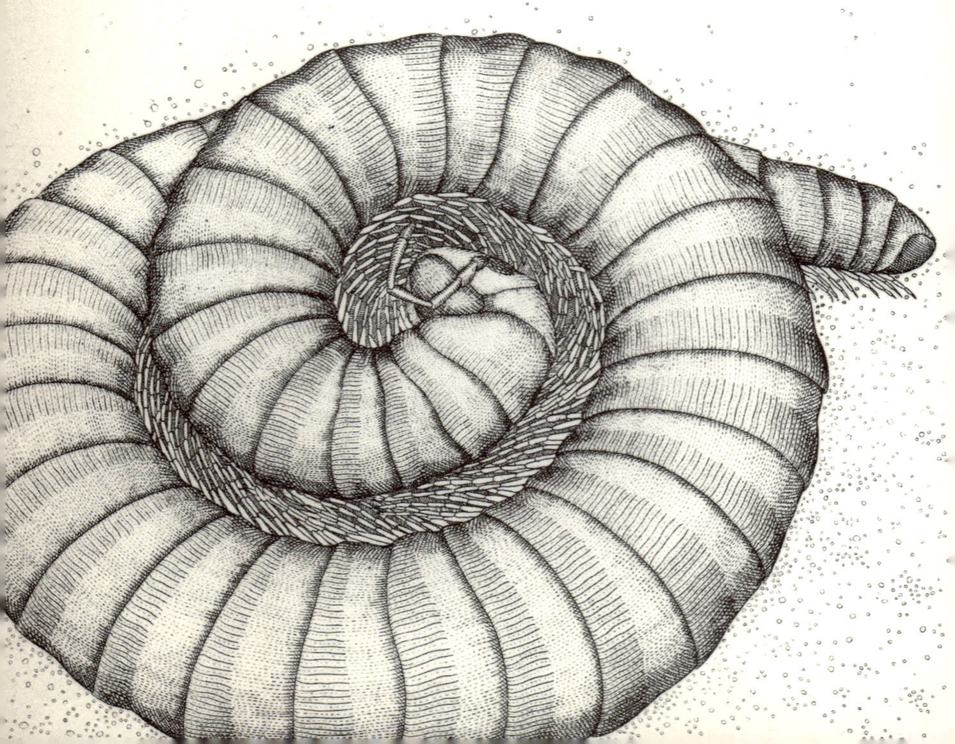

(不快)

ヤスデ *Millipede* TACHYPODOIULUS NIGER, OTHERS

体長	：60ミリ
網	：ヤスデ網
生息場所	：腐葉土層や、朽ちた植物が豊富な森林の地表
分布地	：ヨーロッパ一帯、特にイギリス、アイルランド、ドイツ

　基本的にヤスデは特に危害を及ぼす生き物ではない。ムカデのように積極的に獲物を探し、毒を注入して制圧することもなく、ゆっくりと地面を這って枯れ葉をあさる。植物の根元にたまった有機物片（デトリタス）を選り分けてさらに分解する「デトリタス食者」で、自然な堆肥化が進むのを促す役目をしている。攻撃を受けても、ほとんどの種は体を丸めて、硬い鎧が身を守ってくれることを祈るにすぎない。では、この平和を好む菜食主義のリサイクル屋のどこが嫌われるのだろうか。

　ひとつはその数の多さだ。ヤスデの侵入は気味が悪いだけでなく、破壊をもたらす。鉄道の誕生以来、ヤスデが大量発生して線路に群がったという報道は絶えないが、最近の例には、じつに驚異的なものがある。2000年には、ヤスデが線路に押し寄せたせいで東京郊外の急行電車が止められてしまった。つぶれたヤスデの体がべとべとした濡れた塊になって、車輪が滑ったのだ。オーストラリアでも同様の事件が起きている——外来種のポーチュギーズ・ミリピード（*Ommatoiulus moreletii*）が鉄道線路にはびこり、滑りやすくなってしまった線路では速度が出せず、電車が遅延や運休を強いられたのだ。

　スコットランドの一部地域ではさらにひどいありさまで、ヨーロピアン・

(Horrible / Millipede)

ブラックミリピード（*Tachypodoiulus niger*）に悩まされたスコットランド高地の辺境の3つの村では、ヤスデが光にひきつけられて夜間に人家に入りこみ、浴室や台所にたむろしないように、夜間の灯火管制を採用せざるを得なかった。地元の女性郵便局長は、記者たちにこう語っている——「ひどいものでした。4月に現れて、昨年は10月になってもまだ入りこんできました。ここで実際に見てみないと、どんなにひどい状態か信じられないでしょうね」。

バイエルン州のとある町でも灯火管制を試してみたが、最終的にはあきらめて町を壁で囲い、ヤスデを閉め出した。オーベライヒシュテットの町の壁はなめらかな金属製で、生き物が越えられないように縁がある（オーストラリアの市民は、昔から同様の方法で自宅をヤスデから守っている）。町の住民のひとりは、壁が建てられる前は、数十匹踏みつぶさずには通りを歩けなかったという。においも耐え難かった。

ヤスデには体節ごとに脚が2対生えていて、身を守る方法としてさまざまな不快な化学物質を放出するのが特徴だ。一部の種は、攻撃を受けると体内にある専用の反応室で生成したシアン化水素という毒ガスを放出する。この毒ガスは非常に強力で、ほかの生物を一緒にガラス瓶に入れておくと死んでしまう。グロメリス・マルギナタ（*Glomeris marginata*）という種のヤスデは、鎮静剤に似た化学物質を放出して、襲いかかろうとするコモリグモを鎮静状態にする。

これらの防御用の化学物質が人間を害することはほとんどない。ヤスデの分泌物をわざと塗りたくらないかぎり、皮疹や炎症は起きない。それどころかベネズエラに生息するサルは、蚊を近づけないためにオルトポルス・ドルソビタトゥス（*Orthoporus dorsovittatus*）という体長

（不快）

10センチのヤスデの一種を探して、毛皮にこすりつけて分泌物を虫除けにするという。

{近縁種} 確認されているヤスデは約1万種。体長28センチに成長し、飼育下で10年間生きるアフリカオオヤスデ（*Archispirostreptus gigas*）や、おなじみの存在であるオカダンゴムシ科の甲殻類によく似ている（が、無関係の）小型のタマヤスデ（英語名「ソーバグ」、「ローリーポーリーバグ」）などがいる。

ベネズエラに生息するサルは、
蚊を近づけないためにヤスデの一種を毛皮にこすりつけて
分泌物を虫除けにするという

(Dangerous / Arrow Poisons)

● 矢毒

　伝統的な狩猟方法や戦法では、昆虫やクモの毒液を抽出して矢尻に塗りつけ、威力を高めたりする。昆虫やクモの種類を観察者や毒殺者たちがすべて明かしているわけではないが、部族ごとのレシピを一部紹介しよう。

サン人（ブッシュマン）
SAN BUSHMEN

　1700年代後半に南アフリカを旅したスウェーデン生まれの戦士、ヘンドリック・ヤコブ・ワイカーによると、有毒なイモムシがいるという。そのイモムシを粉にして樹液と混ぜたものが、矢尻に塗って用いられていた。のちに現地を訪れた探検家たちは、おそらくかれが述べていたのはハムシの一種、アフリカンリーフビートルのことだと気づいた。この虫の血リンパ（体液）には、麻痺を起こす毒素が含まれている。成虫は黄色と黒のテントウムシに似ており、幼虫は大型で平たい、鮮やかな色彩のカブトムシの幼虫に似ている。南アフリカに自生するミルラノキ属の特定の潅木に住みついていて、サン人に広く用いられている。別の種のハムシ、ポリクラダ・フレクスオーサ（*Polyclada flexuosa*）も用いられる。

　ボンバルディアビートルの仲間のオサムシ（別名ゴミムシ）も、サン人の狩猟用の毒矢に用いられている。この虫はアフリカンリーフビートルに寄生しており、一緒に見つかることが多い。これらの幼虫の体液を矢尻に直接しぼり出

〈危険〉

して火にかざして乾かすか、糊がわりの樹液や樹脂に混ぜて毒を矢に固着させるか、幼虫を粉にして樹液と混ぜる方法がある。

　ウサギのような小動物なら数分で死に至るが、キリンなどの大型動物を倒すには数日かかるので、何日も後をつけて、死ぬのを待つこともしばしばだ。だが、やがては効果が現れる。19世紀後半の薬学専門家トマス・R・フレイザーは、これらの矢毒は強力で、「不運な獲物を乱心させ、苦しみもだえて死なせる」と述べている。

アレウト族
ALEUT

　アラスカ州アリューシャン列島の先住民は、毒草（トリカブト）、腐った動物の脳や脂肪、不特定の有毒な毛虫やイモムシを混ぜ合わせたものを用いていた。

ハバスパイ族
HAVASUPAI

　かつてグランドキャニオン近辺に居住していた部族で、矢毒の材料にサソリ、ムカデ、ファイアアント、そして「小さな黒い咬み虫」（とのみ記述されている虫）を使っていた。メキシコ北部に居住するホバ族も、腐った牛の肝臓、ガラガラヘビの毒、ムカデ、サソリ、毒草から同様の混ぜ物をつくっていた。

アパッチ
APACHE

　ある部族民の説明によると、矢毒をつくるには牛の胃を腐るまで吊しておき、

(Dangerous / Arrow Poisons)

スズメバチを押し当てて刺すように仕向けるという。それをつぶして血液、サボテンのトゲと混ぜて矢尻に塗って使う。

ポモ族
POMO

　カリフォルニア州の部族で、ガラガラヘビの血液、クモ、ハチ、アリ、サソリを一緒につぶした毒を使っていたという。災難を呼ぶ一種の呪いとして、これを塗った矢を、敵の家越しに放った。

ヤヴァパイ族
YAVAPAI

　アメリカ南西部の部族で、おそらく毒矢の製法が最も複雑なのは、この部族だろう──シカの肝臓にクモ、タランチュラ、ガラガラヘビを詰めて地中に埋め、その上で火を焚く。それから掘り出して腐らせたものを、ようやくペースト状にする。ある人類学者の記録によると、これらの矢をまともに身に受けた戦士は、たった2、3日で死んだという（腐肉を用いたため、毒だけでなく致死性の細菌が被害者の血液に入った可能性があることに注目）。

これらの矢毒は強力で、
「不運な獲物を乱心させ、苦しみもだえて死なせる」

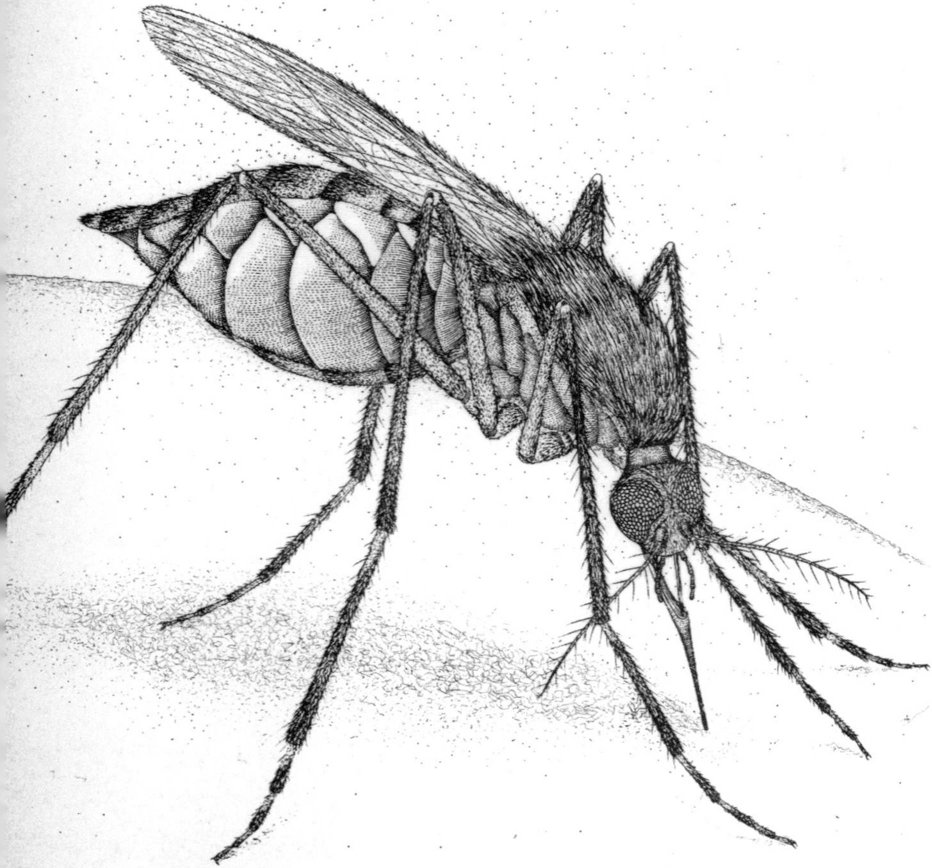

(死)

カ *Mosquito* ANOPHELES SP.

体長	：3ミリ
科	：カ科
生息場所	：多様だが、通常は池、沼地、水源から離れた水たまりなど、水辺で見られる
分布地	：世界の熱帯、亜熱帯および温帯の一部

　1783年6月10日、独立戦争の終わり頃、ジョージ・ワシントンは甥にあてた手紙にこう書いている——「妻はおこりなどを患って、伏せっています——昨日はキニーネをたっぷり投与されて発作を免れ、快方に向かっているものの——ペンをとれる体調ではありません」。

　やがてアメリカの初代大統領になるジョージ・ワシントンが「おこり」と表現したのはマラリアのことで、かれはこの病に10代の頃から苛まれていたし、妻も感染した。マラリアの特効薬——南アメリカ原産の植物、キナから抽出したキニーネ——は、ヨーロッパではすでに利用されていたが、ワシントン家が入手できたのは後年のことだった。残念なことに、ワシントン大統領はキニーネを大量摂取したせいで、任期2年目に深刻な難聴を患った——難聴はキニーネの毒性がもたらす副作用のひとつとして知られている。

　マラリアは3千年前の琥珀に閉じ込められたカを調べてわかった通り、人類より古くから存在しており、人類の永遠の敵と呼ばれてきた。最古の医療文献もマラリア熱に言及しているし、一部資料は昆虫の刺咬傷が原因である可能性まで指摘している。だがマラリア（malaria）の語源は「悪い空気」を意味するイタリア語で、病のもとが空気中にある

〔Deadly / Mosquito〕

と信じられていたことをうかがわせる。

　現在ではご存じの通り、カが原因だとわかっている。カはマラリアのほか、デング熱、黄熱、リフトバレー熱など、約百種の病気を人間に伝播する。昆虫媒介性疾病のおよそ5分の1を伝播する、世界で最も危険な昆虫だ。マラリアの犠牲者は、すべての戦争の犠牲者を合わせたより多いといわれている。

　マラリアの病原体は、プラスモジウム属の寄生虫、マラリア原虫だ。カのメスは、血液を栄養源にする（オスは吸血しない）。メスがまずマラリア原虫の宿主から吸血し、雌雄のマラリア原虫を体内に取り入れる。マラリア原虫はメスのカの体内で繁殖し、唾液腺に移動する。カの成虫の寿命は1、2週間しかないので、間に合わないこともある。だがうまく唾液腺にたどりついてから、カが第三者から吸血すると、伝染のサイクルが続いていく。カは吸血の際に、抗凝血剤の役割をする唾液を注入する。唾液にマラリア原虫が充分に含まれていると、吸血の際に感染する——だがマラリア原虫を保有するカに吸血されても、マラリアにかからずに済む場合もある。

　カを引きつけるのは、二酸化炭素、乳酸、オクテノールといった人間の汗や息に含まれる物質だ。そしてカは、体が放つ熱や湿気も感じ取る。暗い色を好み、運動後の人に引きつけられるようだ。フランスの研究者たちによると、ビールを飲む人に引きつけられる傾向がこのほど確認されたという。ミャンマー連邦のヤンゴンの住民は、年間8万回もカに刺される。カナダ北部では、カが多いと1分当たり280〜300回吸血されるという。たった90分で体内の血液の半分が失われる計算だ。

　現在、世界人口の41パーセントはマラリア感染の可能性がある地域

(死)

に居住している。発症例は全世界でおよそ5億件にのぼり、年間100万人が死亡している。大部分はサハラ以南のアフリカの幼い子どもたちだ。専門家の試算によると、世界規模でマラリアの発生を抑制するには、30億ドル必要だという。カの活動が活発になる夜間に身を守る蚊帳が重要な役割を担うし、キニーネなどの予防薬の利用も、マラリア予防においては重要な戦略だ。現在のところ、ワクチンは発明されていない。

マラリアが別の病気の治療法として、ごく短い間、中心的な役割を担ったことがある。1927年、ユリウス・ワグナー・ヤウレッグはマラリア療法の発明によってノーベル賞を獲得した。患者をマラリアに意図的に感染させて高熱を出させ、感染症の原因を死滅させるのだ。ヤウレッグはこの療法を末期の梅毒患者に用いて、梅毒が治ったところで、キニーネを投与してマラリアを治療した。ありがたいことに1940年代にペニシリンが登場したおかげで、この悲惨な闘病方法は用いられなくなった。

{近縁種} カはすべてカ科に属しており、およそ3千種のうち、150種が北アメリカに分布している。

＊本章ではおもにハマダラカについて記述。

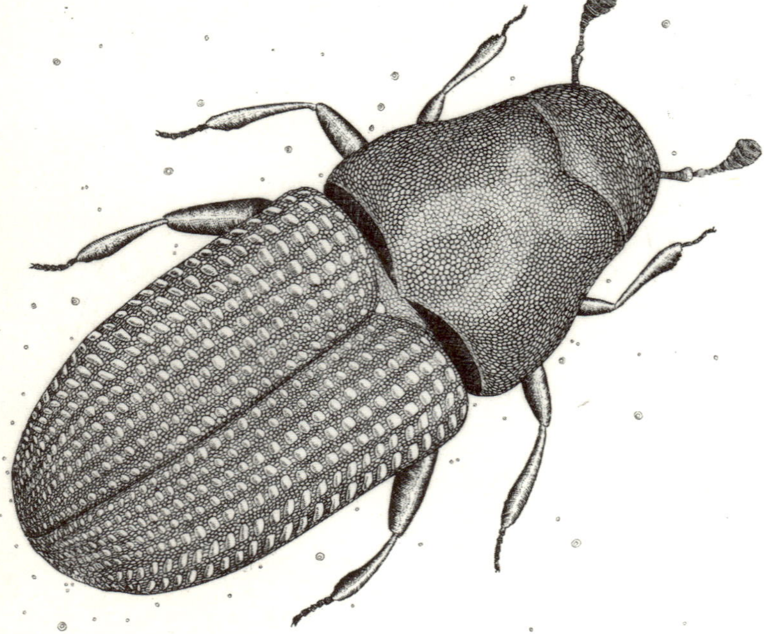

（破壊）

アメリカマツノキクイムシ
Mountain Pine Beetle
DENDROCTONUS PONDEROSAE

体長	：3〜8ミリ
科	：ゾウムシ科
生息場所	：松林
分布地	：北アメリカ全域に生息しており、ニューメキシコ州からコロラド州、ワイオミング州、モンタナ州、西海岸にかけて分布。カナダではブリティッシュコロンビア全域と、アルバータ州の一部に分布

　ニューヨークタイムズ紙は「昆虫による破壊がもたらす損失」と題した記事で、昆虫による被害の総額は、連邦予算や、ヨーロッパの一部の国々の国家予算に匹敵すると指摘している。アメリカマツノキクイムシもそんな害虫のひとつで、樹皮の下に巣くい、木材に穴を掘って食い荒らし、「数百万ドル」に相当する材木を朽ちさせて使い物にならなくして、アメリカの森林に「荒廃の道」を残した。

　そんな憂慮すべき情報をアメリカ市民が知らされたのは、1907年のことだ。1930年代まで、アメリカ西部では全面戦争が展開され、議会は森林を食い荒らす虫の研究と対策に数百万ドルを投じた。だが議会の取り組みも、アメリカマツノキクイムシにはかなわなかった――1980年代に、ニューヨークタイムズ紙は、再びこの昆虫について報じた。記事によると、アメリカの森林は荒廃しつつあり、西部の森林13,700平方キロメートルが破壊されたという。2009年には、事態はさらに悪化して、26,000平方キロメートルの国土が破壊され、カナダのブリティッシュコロンビア州では、142,000平方キロメートルが破壊された――だ

(Destructive / Mountain Pine Beetle)

いたいニューヨーク州と同じくらいの面積だ。

　アメリカマツノキクイムシは米粒ほどの大きさで、マツの樹皮にもぐりこみ、生きた組織にたどりつく。それを食べて卵を産みつけ、フェロモンを出して仲間たちに良い木を見つけたと知らせる。マツは反撃として、ねばねばした樹脂を出して虫を殺そうとするが、たいてい力が及ばない。この昆虫はマツにもぐりこむ際に、組織を詰まらせる青変菌という菌を伝播して、枝葉に水を送るのを妨げてしまうのだ。

　幼虫は、不凍液の役割をするグリセロールを糖から作り出して、凍死することなく樹皮の下で暖かく冬を過ごす。春にはまたグリセロールを糖に戻し、それをエネルギー源として樹皮の下で蛹化する。7月には成虫として現れ、短期間に交尾を済ませる。これでライフサイクルが完結する。アメリカマツノキクイムシは1年間の生涯のうち、わずか2、3日をのぞいてほとんどを樹皮の下で過ごすのだ。

　一般的な熱帯雨林では、古く弱い樹木や、病気にかかった樹木が最初に犠牲になる。アメリカマツノキクイムシは、最初に古い樹木を狙うことで、古木を「リサイクル」して次世代が育つ余地をつくっているともいえる。だが林学者の多くは、数十年間にわたって森林火災を防ぐ努力を続けた結果、森林に密生しているのは古木ばかりで、さまざまな世代の樹木が混在してはいないという。そして現在、これらの古木が一気に攻撃にさらされているのだ。長いあいだ極度の低温状態におけば、樹皮の下で越冬する幼虫を殺せるが、最近の暖冬のせいで、多くの幼虫が冬を生き延びて繁殖している。

　アメリカマツノキクイムシのもたらした荒廃は、上空から見るとわかりやすい。病気にかかった木は赤くなって枯れ、かつて鮮やかな緑の

(破壊)

松林だったところが、秋を迎えて紅葉したニューイングランド地方の森のようになっている。残念ながらアメリカマツノキクイムシをうまく駆除する方法はない――キツツキのような天敵はある程度有効だが、大発生は食い止められない。科学的駆除にはおそろしく費用がかかるし、樹皮を剝いて幼虫を外気にさらす（ことで死なせる）など、時間のかかる方法は、大規模におこなうとなると実用的でない。林学者たちはむしろ予防に力を入れており、間伐をおこない、自然な森林火災の発生を利用するなどして、多様な年代の樹木を混在させるように計らっている。病気になった木の処理は依然として問題になっている。一部の専門家は、木材チップにしてエタノールの原料にするか、ペレットに加工してストーブの燃料にすることを提案している。最も大きな被害が出たバンクーバーでは、2010年の冬季オリンピック競技場の屋根に、アメリカマツノキクイムシの被害樹木からとった材木100万ボードフィート超を用いている。[1]

{近縁種} アメリカマツノキクイムシはさまざまな種のキクイムシやゾウムシと近縁で、中央アメリカおよびアメリカ南部に分布している *Dendroctonus frontalis* や、ヨーロッパ中部およびスカンジナビアのトウヒの森を破壊したヤツバキクイムシ（*Ips typographus*）も仲間に含まれる。

[1] ボードフィート……木材の量単位。1ボードフィートは1フィート×1フィート×1インチ（約30cm×30cm×2.5cm）。

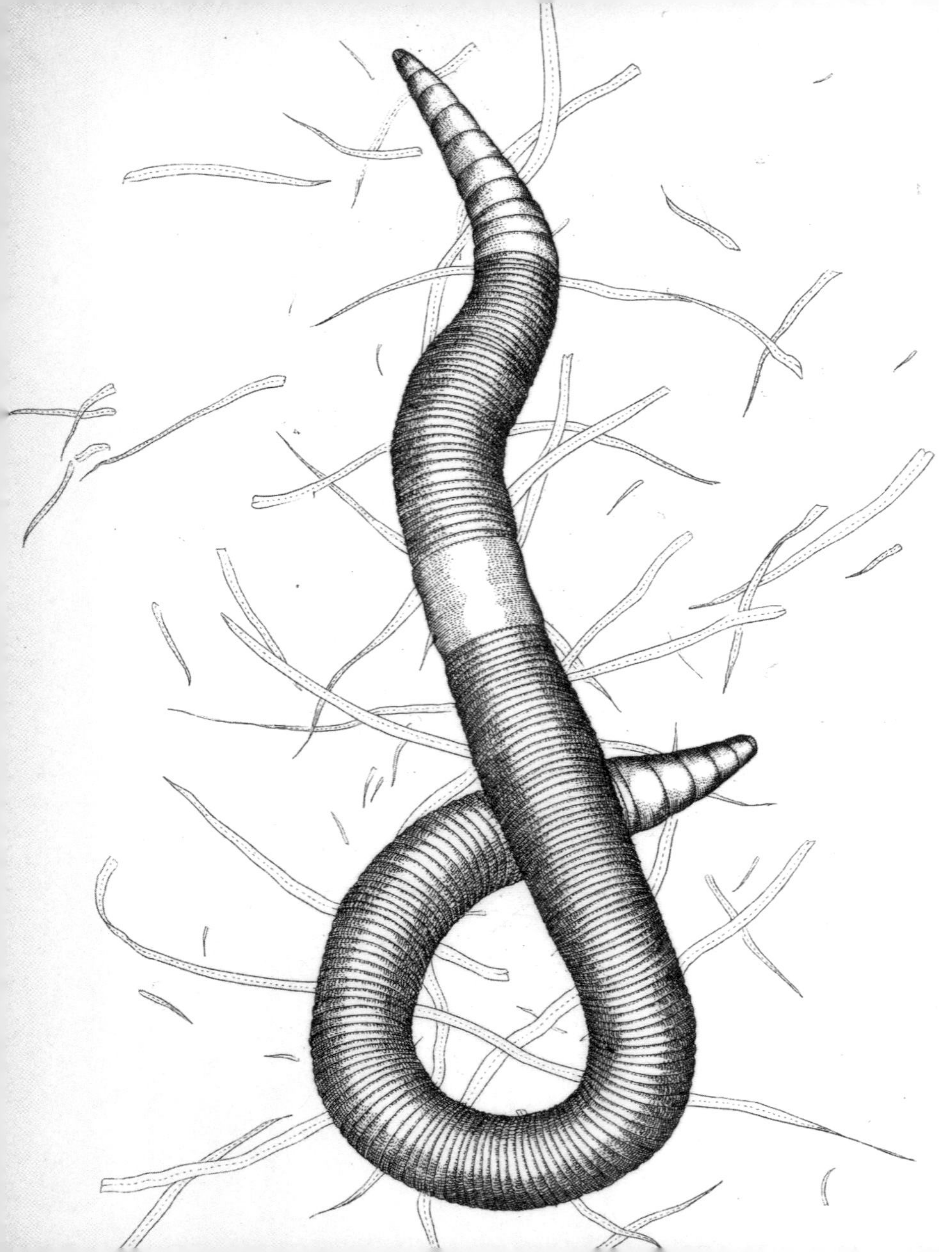

(破壊)

ツチミミズ
Nightcrawler LUMBRICUS TERRESTRIS

体長　　：25センチ
科　　　：ツリミミズ科
生息場所：肥沃で湿気のある土壌
分布地　：世界各地

　1990年代になると、ミネソタ大学の研究者たちは、森林に起きた奇妙な変化について市民から問い合わせがくるのに慣れてしまった。何かが起きているらしいと市民は訴えた。生えて間もない低層植物——シダや野の花——が、見当たらなくなりつつあった。樹木が減り、若木はほとんどなくなった。春になって雪がとけると地面がむき出しになって、そこにあるはずの下生えは見当たらなかった。まるで森林が再生をやめてしまったようだった。市民は森林省に連絡して答えを求めたが、研究者たちも困惑していた。

　その頃、研究者のひとりで、博士課程で学んでいたシンディ・ヘイルが、ニューヨーク州の森林についての論説を見つけた。「そこには、ミミズの個体数は低層植物に変化をもたらす場合がある、と何気ない調子で書かれていました」と、ヘイル。「そこでようやく、森へシャベルを持って行って、土を掘ってみようと思いついたんです」。

　ほぼ当然のことと受け取られるだろうが、出てきたのはミミズだった。警戒するべきことではないはずだ——ミミズは土に良いのだから。ミミズは水はけを良くするし、土の中で養分を混ぜ返すし、根のあたりに豊かな肥やしを排泄するし、有機物の分解を助けてくれる。農家の人々

や園芸家たちは、健全な土壌の目安としてミミズの数を自慢する。だが、ミミズが世間で考えられているように有益な存在とはかぎらないことが、後にミネソタの研究者たちのおかげで明らかになった。かれらが発見したミミズは、ヨーロッパに生息する種だった。通称ナイトクローラーと呼ばれるツチミミズは、最も大きく、見分けやすかった。アカミミズと呼ばれる、やや小型のミミズも、地中にたくさんいた。この森の土からは、全部で15種類の外来種が発見された。

ミミズは世間で考えられているように有益な存在とはかぎらない

ミネソタ州は最終氷河期に氷河に覆われていたので、在来種のミミズがいないまま森林が成長してきた。北アメリカの在来種は、アメリカのほとんどの地域に生息しているが、この最北の地には、まったくミミズがいなかったのだ——ヨーロッパからやってくるまでは。

ヨーロッパのミミズは、入植者が持ってきた鉢植えの中や、船のバラストに用いられた土の中、荷馬車の車輪や家畜の蹄に埋まってアメリカにやってきた。そして入植者たちと同様にたちまち国中に広がった。現在、標準的なアメリカの裏庭にいるミミズのほとんどは、ヨーロッパ由来のミミズだ。こういった庭のミミズは、ほとんどの場合良いことしかしない——だが、ミネソタ州は例外だった。

ヘイルたちが試験地を観察した結果、ヨーロッパ種のミミズが、毎年秋に積もる落ち葉の層をすっかり食い尽くしたことが明らかになった。

〔破壊〕

　通常であれば、落ち葉は年々積み重なって、スポンジ状の腐葉土の層を形成していく。これは野生の植物の発芽や成長に欠かせない。だが朽ちた落ち葉は、ミミズにとっては菓子に等しい。ミミズが最もはびこる地域では、腐葉土の層がすっかりなくなって、ミミズの排泄物の層が薄く残るだけになってしまった。ミネソタ州の在来種の樹木や野草は、こんな環境ではどうしても生き延びられなかったのだ。

　姿を消しつつあるのは、ユリ科のアマドコロ、イヌサフラン科のウブラリア・グランディフロラ、サルトリイバラ科のサルサパリラ、キンポウゲ科のタリクトルム・ジオイクムだけではない。サトウカエデ、レッドオークなど土着の樹木も、この未知の土壌には根づかないのだ。そして五大湖周辺の森林にやってくる人々が、釣りの生き餌のミミズや、盛り土を持ちこみ、泥まみれのタイヤで踏みこむにつれて、ミミズは蔓延していく。森林の近くにゴルフコースを建設するのも危険だ。広大な土地に植えられる芝生には、生きたミミズがついてくるからだ。

　ミミズなしで進化してきた森林をヨーロッパ種のミミズが侵略するのを止めるには、どうすれば良いだろうか。ミミズは追い立てられない。柵を設置して締め出すのは不可能だ。ヘイルたちによると、森林からシカを排除するのは効果的だという。貴重な植物がシカの食害にあうのを免れるからだ。ヘイルたちは人々に釣り餌にミミズを用いるのをやめさせて、園芸家の親友であるミミズが危険な存在にもなり得ることを教えることで、ミミズの拡散の勢いを弱めたいと考えている。

{近縁種} アカミミズ（*Lumbricus rubellus*）およびシマミミズ（*Eisenia foetida*）は、堆肥の山にいることが多い。

(Dangerous / The Enemy Within)

● 内なる敵

　人体寄生虫について、1857年にドイツの医師フリードリヒ・クーヘンマイスターが発表した著作には、サナダムシが体内から出ようとしているのに気づいた人々の悩みが書かれている。「排便時以外に虫の体節が出てくるのは、患者にとってはつねに頭痛の種である」と、かれは書いている。片節（条虫の体節）が、ズボンの中やペチコートの下で素肌に付着したときの湿っぽく冷たい不快な感触が、ひどく煩わしいのだ。特に女性は、歩いているときや立っているときに、片節を知らないうちに地面に落としてしまわないかと気にかける」。

　だが寄生蠕虫は、ペチコートを着けた女性にきまり悪い思いをさせるだけの存在ではない。そして、そもそも寄生蠕虫が人体に取りこまれる際には、ほかの生物が重要な役割を果たしていることが多いのだ。

有鉤条虫
PORK TAPEWORM *Taenia solium*

　2008年の秋の日、アリゾナ州に住む37歳の女性は、生涯で最もこわい思いをさせられた。彼女は脳内にできた腫瘍を摘出するために、手術室に運びこ

（危険）

まれていた。危険な手術だったが、受けるしかなかった——左腕は麻痺し、平衡感覚を失い、ものを飲みこむのも難しくなりつつあった。腫瘍を摘出するしかなかったのだ。

手術室で彼女を取り囲んでいた医師団は、頭蓋骨を切り開いて脳をむき出しにした手術のさなかに執刀医が笑いだして、衝撃を受けたにちがいない。執刀医は、患者を苦しめていたのが難治性の腫瘍ではなく条虫だったと知って、安堵のあまり笑いだしてしまったのだ。条虫は造作もなく取り除かれ、手術後に目覚めた女性は、そもそも脳腫瘍などなかったという驚くべき知らせを聞かされた。

有鉤条虫は、幼虫（有鉤囊虫）がたくさんいる豚肉を、火が通っていないか、生の状態で摂取したときに人体に侵入する。豚の体内では、幼虫は液体で満たされた囊胞を形成しており、人間に取りこまれないかぎり成虫にならない。囊胞がついた豚肉を人間が食すると、幼虫は体内で腸壁にとりついて、体長数メートルに成長する。成虫はときに腸内に20年間とどまって数千個の卵を産むが、それは便と一緒に排泄される。自発的に人体から出ていくこともあるし、処方薬でも駆虫できる。

アリゾナ州の女性の場合は、加熱不十分な豚肉から感染したのではなく、有鉤条虫の卵が含まれる便に接触したのが原因だろう。可能性としては、有鉤条虫が寄生している人が食品を扱い、用を足した後に手を洗わなかったために、卵が便から手に移って食品に混入したという経路が考えられる。人間が卵を経口摂取した場合は、幼虫を摂取した場合と寄生のしかたが異なる。飲みこまれた卵から孵った幼虫は、もともとよく動きまわる性質を持ち、腸内にとどまらずに体内を探索しようとする。肺、肝臓、脳にも移動するのだ。

ブタも有鉤条虫の宿主で、ブタの体内で卵は幼虫になるが、終宿主として知られているのは人間のみ——つまり幼虫が成虫になれるのは、人間の体内のみである。

最近ではトークショーの司会をつとめるタイラ・バンクスが、番組でいわゆ

(Dangerous / The Enemy Within)

るサナダムシダイエットをとりあげて、医学界を驚かせた。減量のために、意図的に条虫の卵を飲みこむ方法だ。実際には、条虫は深刻な消化器異常、貧血、臓器障害を引き起こすし、場合によっては体重が減るどころか増えてしまうので、非常に危険な減量法だ。

有鉤条虫は、世界の10人に1人に寄生していると推測されていて、貧困国ではその率がさらに高い。有鉤条虫の脳内寄生は、現在のところ世界的にてんかんのおもな原因になっている——衛生状態さえ良ければ、容易に防げる悲劇だ。

リンパ管フィラリア(バンクロフト糸状虫、マレー糸状虫)
LYMPHATIC FILARIASIS *Wuchereria bancrofti* and *Brugia malayi*

これらの寄生虫が体内にはびこると、腕、脚、胸、陰部の皮膚にしわが寄り、グロテスクに膨れあがる(象皮症)。宿主は全世界で1億2千万人、きわめて深刻な症状が出ている人は4千万人いる。これらの寄生虫のライフサイクルを完結させるには、カも人間も必要だ——幼生(ミクロフィラリア)が幼虫に成長するのはカの体内のみで、幼虫が成虫になるのは人間の体内のみなのだ。成虫の子たち——次世代ミクロフィラリア——が成長して同じ過程を繰り返すには、何とかしてカの体内に戻らなければならない。

寄生されたカに1回刺されたくらいでは、おそらく感染しない。数百回吸血されてようやく雌雄の幼虫が体内に入り、互いを追いかけて繁殖する。こうなると、成虫がリンパ系に住みついて虫巣を形成し、これがリンパ液の流れを阻害するため、特徴的な腫れがみられる。成虫の寿命は5〜7年で、交尾して無数の子孫を生み出す。次世代はいつかカに血液と共に吸い出されて、ライフサイクルをつないでいけることを願って、血液と共に体内をめぐる。

この病気が発生しているのは、アフリカ、南アメリカ、南アジア、太平洋地域、カリブ海地域など世界の最貧地域だ。ミクロフィラリアの存在は血液検査で

〈危険〉

も確認できなくはないが、ミクロフィラリアには奇妙な習性があるため、当てにできない——この小さな生物は、カが吸血する夜間のみ血流にのって移動するのだ。日中の血液検査ではまったくみつからないこともある。治療はさらに困難だ——成虫を駆除する方法はないが、メクチザンという駆虫薬を年に1回投与して子孫を殺し、さらなる伝播を防ぐことは可能だ。

だが破壊行為によって分裂した国々や辺境では、毎年の投薬は容易ではない。現在、公衆衛生当局は新しいアプローチを試みている——駆虫薬を食塩に混ぜる方法だ（費用は一袋当たりわずか26セント）。中国では、政府が薬入り食塩の使用を市民に命じて、病気を根絶した。

最貧地域の人々に薬入り食塩を配布するのは、奇妙なことや納得がいかないことと受け止められるだろうが、利点は多い。駆虫薬で、回虫、シラミ、ダニなど他のやっかいな寄生虫も駆除できるのだ。リンパ管フィラリアの根絶に取り組む疾病予防管理センターは、この薬を「貧者のバイアグラ」と呼んでいる。絶えず悩まされていた寄生虫から解放された人々は傍目にも見違えるほど元気になり、再び愛を交わす気になるため、薬を投与された地域でささやかなベビーブームが起きるからだ。「メクチザンと名付けられた子どももいます」と、保健当局の担当者は記者に語っている。

住血吸虫
SNAIL FEVER　*Schistosoma* sp.

この寄生虫は、淡水に生息する特定の巻貝によって伝播される。住血吸虫の卵は、宿主になった人々の便や尿に排出される。排泄物が川や湖に流れこむと、卵が孵って淡水巻貝の体内に入り、次世代として成長していく。その後、巻貝の体を出て、人間が水に足を踏み入れるのを待ってその皮膚にもぐりこみ、ライフサイクルをつないでいくのだ。

住血吸虫が引き起こす病気はビルハルツ住血吸虫症、あるいは住血吸虫症

(Dangerous / The Enemy Within)

と呼ばれており、感染者は全世界に2億人で、おもにアフリカに集中しているが、中東、東アジア、南アメリカ、カリブ海地域でも感染者が出ている。症状としては、炎症、インフルエンザに似た症状、血尿、腸管、膀胱、肝臓、肺の損傷が起こる。プラジカンテルという薬を1年に1錠投与すれば治り、さらなる伝播も防げる。一錠わずか18セントのこの薬——と、衛生状態の改善で——いつかは住血吸虫症を根絶できるかもしれない。

———

回虫
ROUNDWORM *Ascaris lumbricoides*

　回虫は、カや巻貝の助けを借りずに、人間の消化管に入りこむ。鉛筆ほどの太さの体長30センチ超の虫で、自力で何でもやってのける。人間の小腸に最長で2年間住みつき、メスは卵を1日当たり20万個産む。この卵は便と共に体外へ排出される。地に落ちた卵は小さな幼虫に成長して、再び何らかの方法で人体にとりこまれる。衛生状態が悪いところで発生しやすく、トイレに使われている場所の近くの地面で子どもが遊ぶ地域や、不適切な処理をした人糞を肥料に用いながら、よく洗わずに作物を食する地域社会でみられる。

　体内に戻った回虫は、肺で約2週間過ごして喉へ移動し、飲み下されて小腸にたどりつき、そこで成虫になる。ひどい例になると、数百匹の成虫を腸に飼っている場合もある。奇妙なことに、回虫は全身麻酔をひどく嫌い、手術中に鼻や口から出てくることがある。回虫がめずらしくない地域では、手術前に医師が駆虫薬を投与して、麻酔に驚いた回虫が体内から脱出しようと、挿管されたチューブに詰まるのを未然に防いでいる。

　軽い腹部症状のみで済むこともあるが、重症（回虫症）になると、呼吸障害、栄養失調、臓器障害、重度のアレルギー反応が起きる場合もある。およそ15億人——世界人口の4分の1に相当する——が、回虫を持つとみられている。ほとんどは子どもたちだ。回虫のせいで死亡する人の数は年間6万人とみら

（危険）

れており、おもな死因は腸閉塞だ。回虫は世界の熱帯・亜熱帯地域にはびこっており、アメリカ南部でもときどき寄生例が確認されている。この虫は処方薬で退治できるほか、地中に生息する線虫の駆除に用いられる土壌細菌のバチルス・チューリンゲンシス（Bt）の利用も、処置方法として有望だ。だが確実にこの病気を根絶するには、衛生状態を改善するしかない。

メジナ虫（ギニアワーム）
GUINEA WORM *Dracunculus medinensis*

　ジミー・カーター大統領がメジナ虫をはじめて見たのは1988年で、かれは人道支援活動の一環でガーナの村を訪問中だった。この村では、村人の半分以上がメジナ虫に寄生されて衰弱していた。大統領は記者に語っている──「何より鮮明に記憶に残ったのは、19歳くらいの若く美しい女性の胸から、虫が顔を出していた光景です。あとで聞いたところによると、その季節のうちにあと11匹出てきたとか」。

　メジナ虫症（Dracunculiasis）は、別名ギニア虫症として知られ、古くからある病気で、エジプトのミイラからも発見されている。媒介するのは淡水性の微小な甲殻類、ケンミジンコだ。ケンミジンコは、池などのよごれた水と一緒に飲みこまれて人間の体内に入る。ケンミジンコは死ぬが、寄生しているメジナ虫は小腸に移動して成長し、交尾する。オスは死ぬが、メスはやがて体長60〜90センチに成長して、スパゲティに似た外見になる。そして関節付近や、腕や足の骨まわりの結合組織にもぐりこむ。

　寄生されても、1年後まで気づかない場合もある。1年後に、メスが居場所を離れて皮膚に近いところに移動すると、水疱ができて数日で破れる。焼けるような痛みは、傷を冷水に浸すといくらか和らぐ──メジナ虫はそれを当てにしているのだ。餌食になった人が腕や足を水につけると、メスは皮膚からすこしばかり出てきて無数の幼虫を放ち、ライフサイクルをつないでいく。何より

(Dangerous / The Enemy Within)

やっかいなことには、体内から出ていくには時間がかかり、摑んだり切り刻んだりしようものなら体内に引っ込んで、やがてまた別のところに出てくるのだ。

　メジナ虫の特効薬はないので、治療は容易ではない。むしろ虫が姿を現すのを待って、皮膚から出てきた部分に慎重にガーゼを巻くか、小枝を巻きつけていって、体内に戻れないようにする。表に出てきた部分を日ごと数センチずつ巻いていくと、およそ1ヵ月後には全身がすっかり抜け出るというわけだ。

　メジナ虫症との戦いは、注目すべき効果をあげている。20年前は、アフリカおよびアジアの20ヵ国に350万人の患者がいたが、現在ではおもにガーナ、スーダン、エチオピアに3,500人が残るのみになった。メジナ虫症の拡大を止めるために、人々は網目状の布や、藁を持ち運びして水を濾すようになった。

　現在の取り組みが続けば、メジナ虫症は寄生虫症として初めて撲滅されることになるし、ワクチンや薬に頼らず撲滅に成功した人間の疾病としても、史上初になるだろう。

メジナ虫症は古くからある病気で、
エジプトのミイラからも発見されている

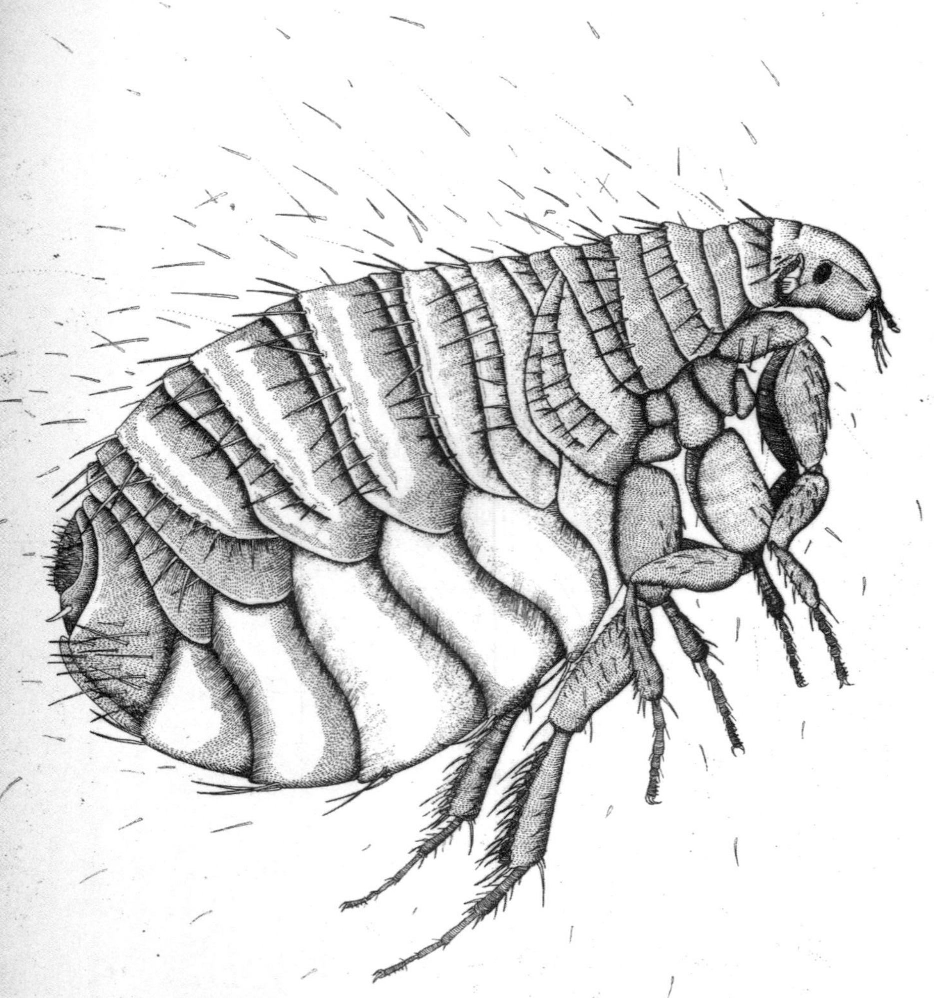

(死)

ケオプスネズミノミ
Oriental Rat Flea

XENOPSYLLA CHEOPIS

体長	：〜4ミリ
科	：ヒトノミ科
生息場所	：おもな食料源であるネズミのそば
分布地	：世界各地。おもに熱帯・亜熱帯気候地域に分布しているが、ときに温暖地域でもみられる

　1907年のある秋の日のこと。サンフランシスコに住む2人の少年が、地下室で死んだネズミを見つけた。葬儀屋の父親の見よう見まねで、少年たちはネズミにぴったりの棺を見つけてきて、きちんと葬ってやることにした。幸せな午後だった——幼い2人には、暢気に過ごせた最後の日になった。夕食の時間に飛んで帰った2人には、葬儀屋ごっこのおまけがついていた——宿主を亡くし、腹を空かせて血に飢えた、病気を広めるノミだ。

　通常、ネズミノミは人間、ネコ、イヌ、ニワトリからは吸血しないが、（ペストの流行時にみられる）ネズミの大量死が起こると、ほかの恒温動物から食料を調達するしかなくなる。前述の不運な少年たちを襲ったのは、ちょうどそんなノミだった。少年たちは命を落とさずに済んだが、ひと月でペストに両親を奪われて、孤児になってしまった。

　2人が葬ったネズミは、20世紀初頭に黒死病が流行した頃に死んだものだった。ホノルルを出発してこの頃ゴールデンゲート海峡を渡ってきた蒸気船オーストラリア号には、客と郵便物と、ペストにかかったネズミが乗っていた。上陸したネズミたちが向かった街は、当時は決

（Deadly / Oriental Rat Flea）

して清潔ではなかった——ごみは山積みになっていたし、間に合わせの下水道では細菌が増殖し、齧歯類が増えた。ネズミにとっては居心地の良い場所だった。まもなくチャイナタウンで、おそろしい症状を示す患者が何人か現れた——高熱、悪寒、頭痛、体の痛み。脇の下と鼠径部には、卵ほどの大きさの特徴的な赤いしこりができた。まもなく出血斑がたくさんの黒いあざに変わり、ほどなく死が訪れた。

少年たちは命を落とさずに済んだが、
ひと月でペストに両親を奪われて、
孤児になってしまった

　このおそろしい病気にノミが何らかの役割を果たしていることは、1800年代後半にはわかっていたが、詳細なメカニズムまでは解明されていなかった。ペストが迅速かつ効率的に広まる秘密がノミの内臓にあると研究者たちが気づいたのは1914年のことだ。かれらが発見したのは「ブロッキング」という驚くべき現象だ。ペスト菌がノミの内臓で増殖して積み重なると、ノミは宿主の血液をうまく飲みこむことができなくなり、血液は飲みこまれずにノミの食道にとどまり、そこで生きたペスト菌が混ざる。増殖した菌のせいで、飲みくだせずに吐き戻された血液は、再び宿主の血流に入る。ペストを蔓延させた真犯人は、ノミの嘔吐物なのだ。

　だがそれだけではない——食料である血液を消化できないノミは、空腹のあまり宿主から宿主へ渡り歩いて貪欲に吸血し、何とか腹を満

〔死〕

たそうとする。最終的に、ノミは飢えと疲労で死んでしまう——ペストでそれまでに死んでいなければ。

ケオプスネズミノミは、ペストを伝播する80種超のノミの1種にすぎない。サンフランシスコのいわゆる「バーバリーペスト」の犠牲者はもっと多くなる可能性もあったが、幸いにもある事実のおかげで、それを免れた——ペスト発生時、ケオプスネズミノミは少数派だったのだ。サンフランシスコでペストが発生したとき最も多かった種はブロッキングを起こしにくかったため、ペスト菌の吐き戻しも起こりにくかった。

ペスト菌は、およそ2万年前に比較的良性の腸内細菌から進化したと考えられており、人類文明を何度か破壊に導き、すべての戦争の犠牲者を合わせてもかなわないほど多くの死者を出してきた。6世紀にアフリカとヨーロッパで発生したペストの大流行「ユスティニアヌス・ペスト」では、当時の世界人口の約5分の1に相当する4千万人が死亡している。中世にヨーロッパでふたたび流行したときは、黒死病と呼ばれた。黒死病は2世紀にわたって猛威を振るい、今度はヨーロッパの人口の3分の1から半分を殺した。

当時の医師たちは、ペスト菌は空気伝染だと信じていた。患者たちは窓を閉め切り、入浴を控えるように言い渡された。入浴すると、病を起こす空気に肌をさらすと思ったからだ。窓を閉め切ってもペストの拡散は止められないが、悪臭はおさえられただろう。死体や瀕死の患者から漂うにおいは圧倒的だったにちがいない——ロンドンのような大都市では、共同墓地に死体を山積みにして、わずかに土をかけておくしかなかった。そんな悲惨な混乱の中で、ネズミの数は増えた。当時、皮肉なことにネコは魔女の仲間だと考えられて、処分されていた。そ

(**Deadly / Oriental Rat Flea**)

の狩猟能力を最も活かせたはずの中世時代に、ネズミの天敵は迫害のせいで危うく死に絶えるところだったのだ。

その後、ペストは中国、インドを経由して20世紀初頭にアメリカに上陸した。現在もアメリカ南西部ではときどきペストが発生しているが、手遅れにならないうちに現代の抗生物質を投与すれば、ほぼ治療できる。

{**近縁種**}ネコノミ（*Ctenocephalides felis*）、イヌノミ（*C. canis*）も仲間である——だが、アメリカではネコにもイヌにもネコノミが寄生していることが多い。これらは条虫を媒介することで知られている。

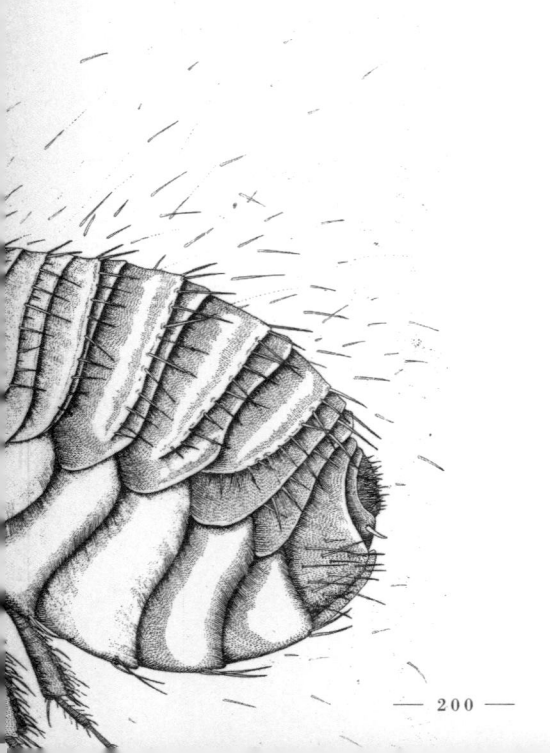

ペストを蔓延させた真犯人は、
ノミの嘔吐物なのだ

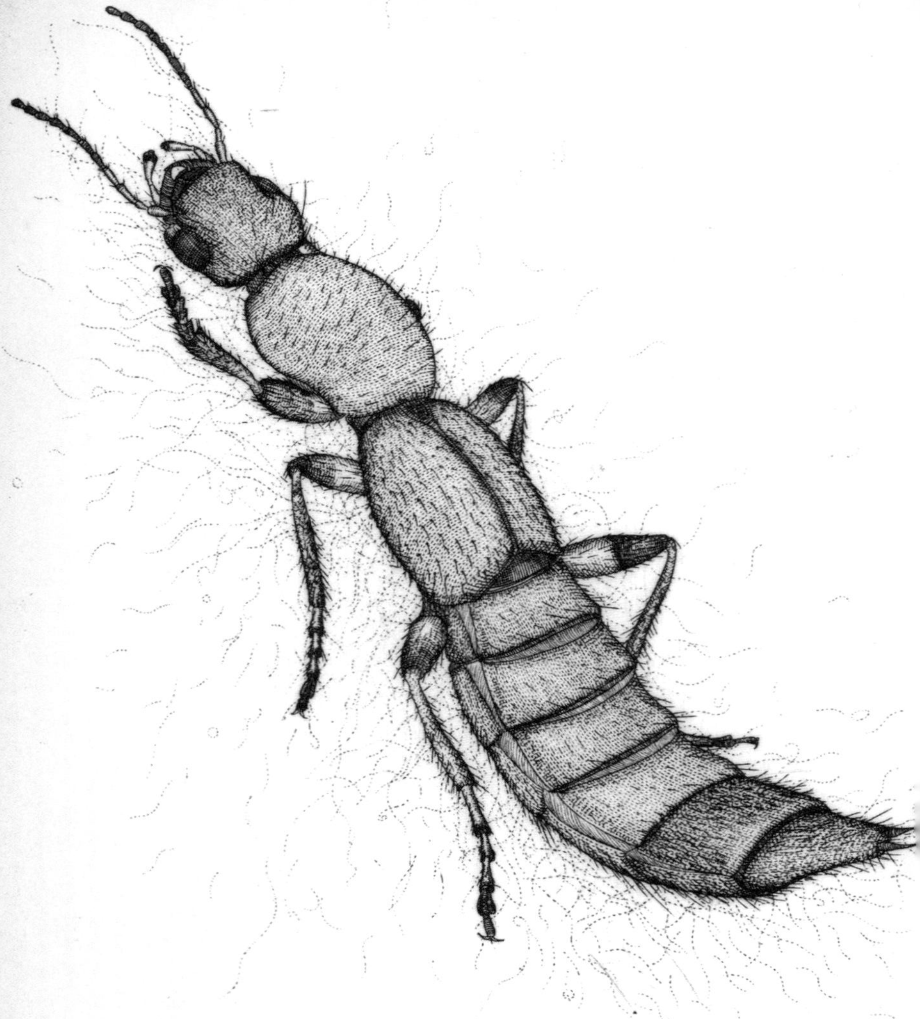

（苦痛）

アリガタハネカクシ
Paederus Beetle PAEDERUS SP.

体長	：6〜7ミリ
科	：ハネカクシ科
生息場所	：林、草地、水辺など湿潤環境
分布地	：ほぼ世界中。特にインド、東南アジア、中国、日本、中東、ヨーロッパ、アフリカ、オーストラリア

　1998年に、強いエルニーニョ現象がナイロビにもたらしたのは、洪水だけではなかった——雨天のせいでアリガタハネカクシが急増したのだ。別名ナイロビフライという虫で、昔からこの地域にはつきものだった。この甲虫は光に引きつけられて学校や家屋に入りこむ。咬んだり刺したりしないので、たいした問題ではない——灯りが消えると照明器具を離れて、その下で座ったり眠ったりしている人の上に着地する性質さえなければの話だ。自然と叩いてしまいがちだが、この虫をつぶすと、思いのほか有害なペデリンという毒物が放出される。

　この毒が皮膚にかかっても、その場では特に変わりはない。だが翌日になると炎症が起きて、数日で水ぶくれになる。むき出しになった生傷が治りはじめるには1、2週間かかり、清潔にしていないと感染症を起こす。この虫1匹で、500円硬貨大のみみず腫れができる。毒が一滴でも目に入ると激痛に苛まれ、一時的に失明する。「ナイロビアイ」と呼ばれている症状だ。ケニアではこの虫が深刻な問題になって、厚生省が市民に以下のような注意を促すに至った。夜間は消灯すること、蚊帳で眠ること、肌にとまった虫は叩かずに、そっと吹きとばすように習慣づけること。当局はこの戦略を「つぶさずはらう（Brush, don't

（Painful / Paederus Beetle）

crush）」と呼んでいる。

　アリガタハネカクシによる皮膚炎は、世界中の陸軍基地でやっかいな問題になりつつある。煌々とした灯りが虫を引きつけるし、この虫は避けるべきだと知らない兵士たちもいるからだ。イラクでは、夜になると駐屯地の照明に虫が群がった。基地では電気仕掛けの誘蛾灯を広く利用して、周囲の虫を退治して兵士たちが安全に集まれるように計らっているが、アリガタハネカクシは誘蛾灯に引き寄せられても、放電では死なない。兵士たちは軍服の袖をまくり上げず、シャツの裾はズボンの中にしまっておくように言い渡されているが、砂漠の暑さの中では困難だ。

イラクでは、夜になると駐屯地の照明に虫が群がった

　アリガタハネカクシは細長い形をした小型の甲虫で、赤と黒の2色が隣り合う体節に、とても翅には見えないきわめて短い上翅がある（まったく飛べない種もある）。この虫はハサミムシや大型のアリに見間違えられやすい。大量にいると煩わしいが、小型の虫を捕食し、農業に深刻な被害を出す一部の害虫も食べるので、農作業時に危険はあるが、農家にとっては基本的にありがたい存在だ。

　アリガタハネカクシは、毒の糞を排泄する鳥に関する謎めいた伝説のもとになったのではないかといわれている。ギリシャの医師クテシアスが紀元前5世紀にインドについて書いた書物には、小型のオレン

（苦痛）

ジ色の鳥の糞の毒についての記述がある。「その糞には、特性がある」と、かれは書いている。「粟粒ほどの量を溶かして一服盛れば、夜までに命を奪えるのだ」。毒をもつこの鳥はディカイロンと呼ばれており、いまだ発見されていない。一部の史家は、この毒とは鳥の糞ではなくて、鮮紅色と黒色の体をもつアリガタハネカクシではないかと推測している。鳥の巣に住みつくこともあり、糞と間違えられなくもないからだ。また、西暦739年にはクテシアスの記述と合致する甲虫が漢方医学に登場しており、刺青、腫れ物、白癬も取り除く強力な毒と書かれている。いまも医療に利用できるだろう――この虫の毒、ペデリンは細胞増殖を抑制するため、がん治療における抗腫瘍剤に使えないかと研究が続けられている。

{近縁種} アリガタハネカクシの仲間は、世界でおよそ620種確認されている。ハネカクシ科にはこれらのほかに、ヨーロッパに分布している甲虫で、英語名を「デビルズコーチホースビートル」（悪魔の馬車馬甲虫）という *Ocypus olens* がいる。おそろしげな外見で、刺激されると咬むが、手を出さなければ害はない。

(Horrible / Corpse-Eaters)

●屍肉食い

　法医昆虫学——死体についた昆虫から死亡日時、場所、状況を割り出す研究——は、とりたててあたらしい分野ではない。西暦1235年に中国で書かれた『洗冤集録』には、死体にたかるハエが犯罪捜査の手がかりになるとの記述がある。また、集まった村人たちの鎌を調べ、ハエの動向を観察して殺人事件を解決したという話もある。ハエが特に群がった鎌があったのだ。おそらく組織や血液が少量のこっていたのだろう。動かぬ証拠を突きつけられた鎌の持ち主は、それが凶器だと白状したという。

　この方法は現在も用いられている。2003年に、カリフォルニア大学デービス校の昆虫学者リン・キムジーのもとへ、警察官がFBI捜査官2人と共に訪ねてきた。自動車のラジエーターとフィルターに付着した虫の死骸から、その車が通ってきた州を割り出すことは可能かと尋ねにきたのだ。捜査官たちの話では、被疑者のヴィンセント・ブラザーズという男が、オハイオ州からカリフォルニア州まで自動車でやってきて家族を殺した可能性があるという。ブラザーズはオハイオ州を出ていないと主張していた。キムジーはすこし調べてみることにした。

　自動車には30種の昆虫が付着していたが、無傷なものは1匹もなかった——翅や脚やつぶれた体の欠片から、虫の正体を突き止めなくてはならなかった。そしてバッタ、スズメバチのほか、アメリカ西部を通らなければ付着しないはずの虫が2種類見つかった。

〈不快〉

2007年の裁判に証人として出廷したキムジーは5時間にわたって証言し、陪審はブラザーズが家族を殺したとして有罪判決を下した。

法医昆虫学が最も頻繁に用いられるのは、死亡日時の絞りこみだ。死体にたかった昆虫の種類を調べ、犯行現場の気象データなどの情報と関連づければ、死後どれくらい経過しているか、傷は死ぬ前にできたものか、犯行後に死体が運ばれたかといったことも推定できる。

クロバエ
BLOW FLIES

別名を「死肉バエ_{カリオンフライ}」というハエで、クロバエ科に属している。この青緑色のハエは、3キロ離れたところから死臭をかぎつける能力をもっており、死者が出るとたいてい一番に現場にやってくる。死後10分でやってくる素早さの持ち主で、死体に多数の卵を産みつける。この卵が孵化した後の発育段階が、死亡時刻を特定する手がかりになるのだ。だが容易に答えが導き出せるとはかぎらない——ときには昆虫学者たちが卵を回収し、孵化を待って逆算しなければ、死亡推定時刻が割り出せないこともある。

オオクロバエ属のハエは、たちまち卵から幼虫を経て蛹に成長する。この過程は気温が高いとさらに早まるので、気温の推移を考慮して、幼虫や蛹の大きさと関連づける必要がある。

コカインもウジの成長を加速させる。昆虫学者のマディソン・リー・ゴフは、あるときワシントン州スポケーンで発生した殺人事件の核心にまつわる謎を解き明かすよう求められた。被害者の体についていた幼虫には、孵化して約

(Horrible / Corpse-Eaters)

3週と見受けられる大きなものがいる一方で、死亡時刻は数日前でないかと思わせるほど小さいものもいた。結局ゴフは、大きな幼虫が被害者の鼻のあたりで育っていたこと、そして被害者が死の直前にコカインを吸引していたことを突き止めた。虫の大きさのちがいの問題が解決して、警察はようやく正しい死亡時刻を判断できたのだ。

ハネカクシ
ROVE BEETLES

　ハネカクシ科に属するハネカクシは、死体の鮮度がやや落ちる頃にやってくる二番手の甲虫だ。おもにハエの幼虫に引きつけられてやってくる。つまり一番にやってきたハエの一団が残していった証拠を食らい尽くしてしまうのだ。

シデムシ
BURYING BEETLES

　モンシデムシ属に属する昆虫で、死体のにおいに引きつけられて、埋められるかどうか調べにやってくる。これはシデムシ独特のライフサイクルのせいだ——シデムシは死んだネズミ、鳥など小動物を見つけると、穴を掘ってその死体からとった毛や羽を敷き、一種の安置所をこしらえる。この作業には数組のつがいが共同でとりかかり、1日がかりで埋葬をおこなう。死体がすっかり覆われ——ほかの捕食者たちから守られ——ると、メスはこの穴蔵の中に卵を産みつけて、孵化した子が食料に困らないように計らう。そばにいて卵も抱くという点では、子の面倒をみる数少ない昆虫のひとつだ。

　シデムシはしばしば人間の死体の下からも発見される。小さな肉片を埋めて、重要な証拠を改ざんしてしまうおそれがある。人体は大きすぎて動かせないため、体内に卵を産みつける。刺し傷の中でシデムシが繁殖した例もある。シ

（不快）

デムシはクロバエの幼虫を食するし、やはりクロバエの卵を食べる小型のダニを持ちこんでしまう場合もある。つまりクロバエの卵や幼虫がもたらす重要な情報は、シデムシの出現で損なわれてしまうのだ。

ダニ
MITES

ダニも段階的に現れる生き物だ。最初にやってくるのはトゲダニだ。これは甲虫にのって移動し、最初に到来したハエの一団の卵を餌にする。後にやってくるのがコナダニで、これはカビ、菌類、乾燥した皮膚片を食べに現れる。

カツオブシムシ
SKIN BEETLES

カツオブシムシ科に属するカツオブシムシは、死後1、2ヵ月たった頃に現れることが多いので、後期清掃動物（late-stage scavenger）といわれる。自然史博物館で動物の骸骨を展示用にきれいにするために用いられる甲虫だ。死体の腐敗が進むと、また別の科の甲虫が現れる――カッコウムシ科のカッコウムシで、乾燥肉にたかる性質から英語名をハムビートルという。墓でみられるほか、エジプトのミイラにもついていた例がある。

**死体についている昆虫の種類を調べれば、
死後どれくらい経過しているか、
犯行後に死体が運ばれたかも推定できる**

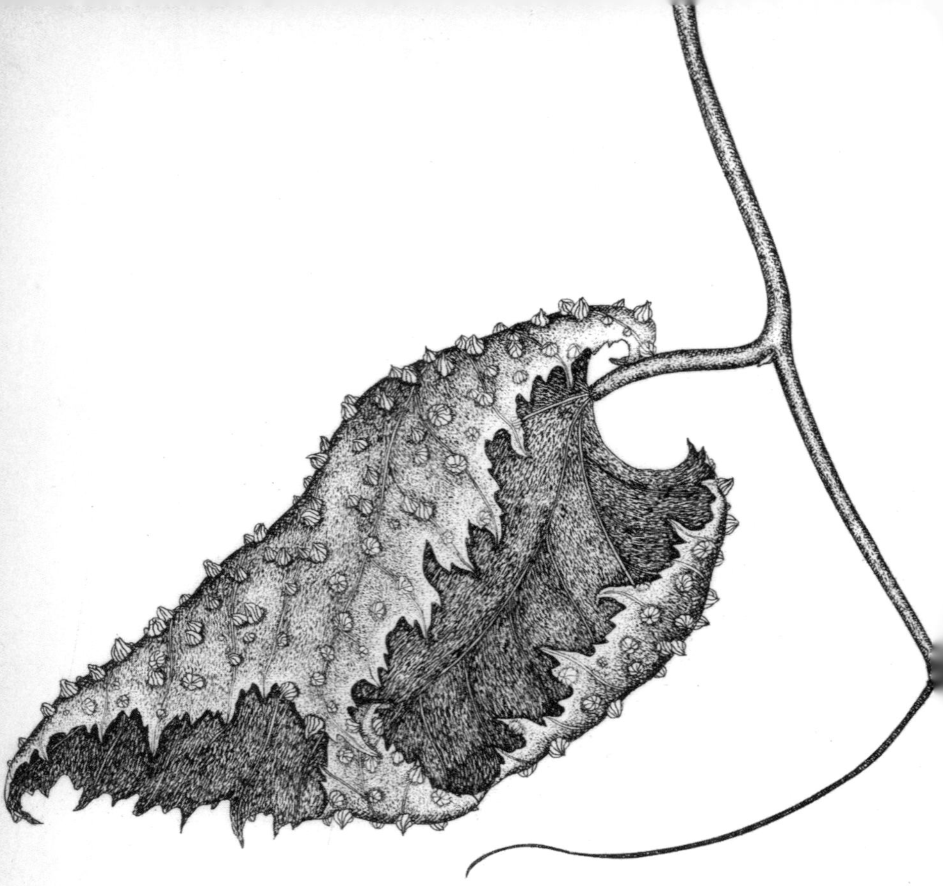

(破壊)

ブドウネアブラムシ（フィロキセラ）
Phylloxera DAKTULOSPHAIRA VITIFOLIAE

体長	：1ミリ
科	：ネアブラムシ科
生息場所	：ブドウ園
分布地	：アメリカ、ヨーロッパ、オーストラリア、南アメリカの一部など、世界各地のブドウ畑

　1800年代半ば、フランスワインは世界市場の大半を占めていた。フランス人の3人に1人は、ワインで生計をたてていた。ブドウの質、土壌の豊かさ、ワイン農家の知識が一体になって、すばらしい質のワインを生み出していた。フランスの医師たちは、紅茶やコーヒーに代えてワインを1日3回飲むよう奨めた。人々はよろこんで従った——平均的なフランス人が消費するワインの量は、年間80リットル（約100本）だった。

　そこにアメリカ人たちがやってきた。

　北アメリカ原産のブドウではすぐれたワインが造れなかったため、アメリカ人たちは国産ワイン産業を立ち上げる足がかりとして、ヨーロッパ種のブドウの木を輸入することにしたのだ。かわりにフランスのブドウ栽培家たちは、アメリカのブドウの木を少しばかり植えてみた。本格的に作物として育てようとしたわけではなく、植物として興味を持ったからだったが。和やかな友好関係の始まりを思わせる交換だった——ブドウの成長につれて、問題が現れるまでは。

　アメリカに植えられたヨーロッパのブドウは、うまく育たないことがあった。葉が黄色くなって、干からびて枯れてしまうのだ。枯れた木

(**Destructive / Phylloxera**)

を地面から引き抜いても、何かに食われた様子も、病変も見当たらなかった。さらに気がかりなことには、フランスのブドウが同じ症状で枯れ始めた。解決策をもとめて、国際的な調査が始まった。

1868年、フランスの植物学者が犯人を発見した。アブラムシに似た微小昆虫、ブドウネアブラムシ(*Phylloxera vastatrix*、のちに*Daktulosphaira vitifoliae*に改称)だ。この昆虫は生きた植物の樹液を吸い、枯れてしまうと別の植物に移動していく。枯れた木から見つからなかったのはこのせいだ。後に明らかになったところによると、この昆虫はアメリカ原産のブドウの木に寄生した状態でフランスに持ちこまれていた。だが当時フランス人が気にかけていたのは、なんとか虫を退治して産業を再建することだった。まずこの虫のライフサイクルを把握する必要があった。

調べてみると、この虫は見たこともないほど奇妙なライフサイクルの持ち主だった。まず「幹母」と呼ばれる第一世代のメスのブドウネアブラムシが卵から孵り、卵が産みつけられていた葉から樹液を吸い始める。これが植物のホルモン分泌のきっかけになって、防御のために虫を取り巻く虫こぶがつくられる。まもなくメスは成虫になり——一度もオスに出会わず、まして交尾もせず——約500個の卵を虫こぶの中で産み、死んでいく。

次世代のメスも、孵化して同じ過程を繰り返し、交尾せずに虫こぶの中で卵を産む。数ヵ月これが繰り返されて、およそ5世代が卵から孵っては、驚異的な数の卵を産み、死んでいく。季節が変わるまでに1匹の幹母から無数のブドウネアブラムシが生まれ、その間ブドウはずっと活力を吸い取られ続けるのだ。

(破壊)

　この季節の最後の世代は、地面に落ちて根に住みつき、ブドウの根30グラム当たり1,000匹が寄生する。一部は越冬し、春になると翅をもった世代が現れて、近くのブドウ畑へ飛んでいく。翅をもった世代の一部はメスの卵を産み、一部はオスの卵を産む。ここで孵化する世代の目的はただひとつ——祖先がしてこなかった有性生殖の埋め合わせだ。オスはものを食べない——口も肛門もない——ため、ひたすら交尾をして死んでいく。この世代のメスは幹母の卵が産めるので、ここまでのサイクルが再び繰り返される。繁殖率が高いため、ほどなくブドウ畑はすっかり吸い尽くされ、二次的な病原菌感染が起こり、これがだめ押しになってブドウの収穫は途絶えてしまう。

　当然ながら、この仕組みを突き止めるのは困難だった。だが対策をどうするかという問題は、さらにやっかいだった。フランス人には受け入れがたい話だったが、唯一の解決法のありかは、最初にフランスに問題を持ちこんだブドウの木だった。アメリカ原産のブドウの木には、このアメリカの害虫への耐性が備わっていたため、フランスのワイン産業を救うには、ヨーロッパ種のブドウを粗野なアメリカ種の台木に接ぎ木するしかなかったのだ。

　だが、そうして造られたワインの味は？　フランスの研究者ジュール・リヒテンシュタインは、1878年にきっぱりとこう述べている。「フランスのブドウは絶望的だ。（中略）だがフランスのワインは耐性をもつア

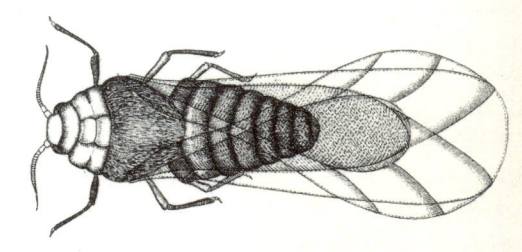

(**Destructive / Phylloxera**)

メリカの台木の上で生まれ変わり、息を吹き返すだろう」。フランスのワインは、アメリカ原産のブドウによってブドウネアブラムシから救われ、再び世界を支配する存在になった。だが現在も(数世紀前にスペイン人の手でチリに植えられたブドウを含む)ブドウネアブラムシ以前の稀少なブドウで造られたワインは、目利きには人気が高い。

{近縁種}アブラムシ、ヨコバイ、セミなど、吸い口式の口吻をもつさまざまな虫がいる。

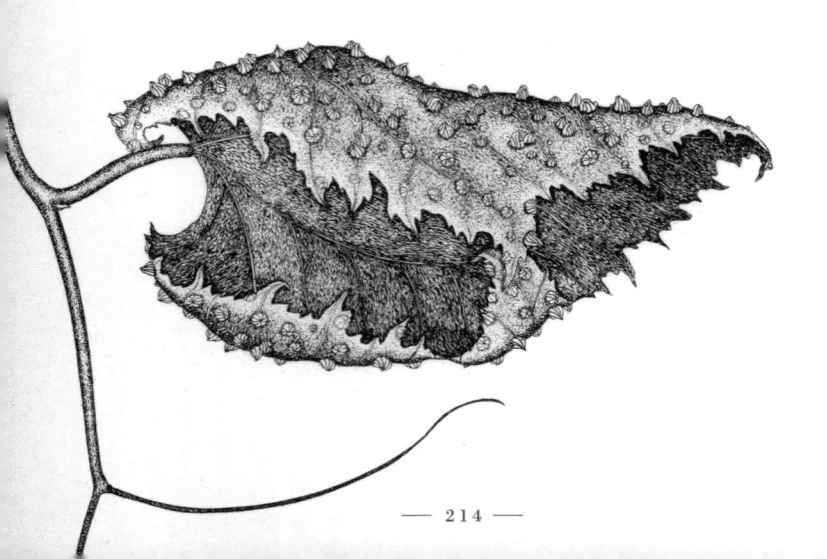

当時フランス人が気にかけていたのは、
なんとか虫を退治して産業を再建する方法を
突き止めることだった

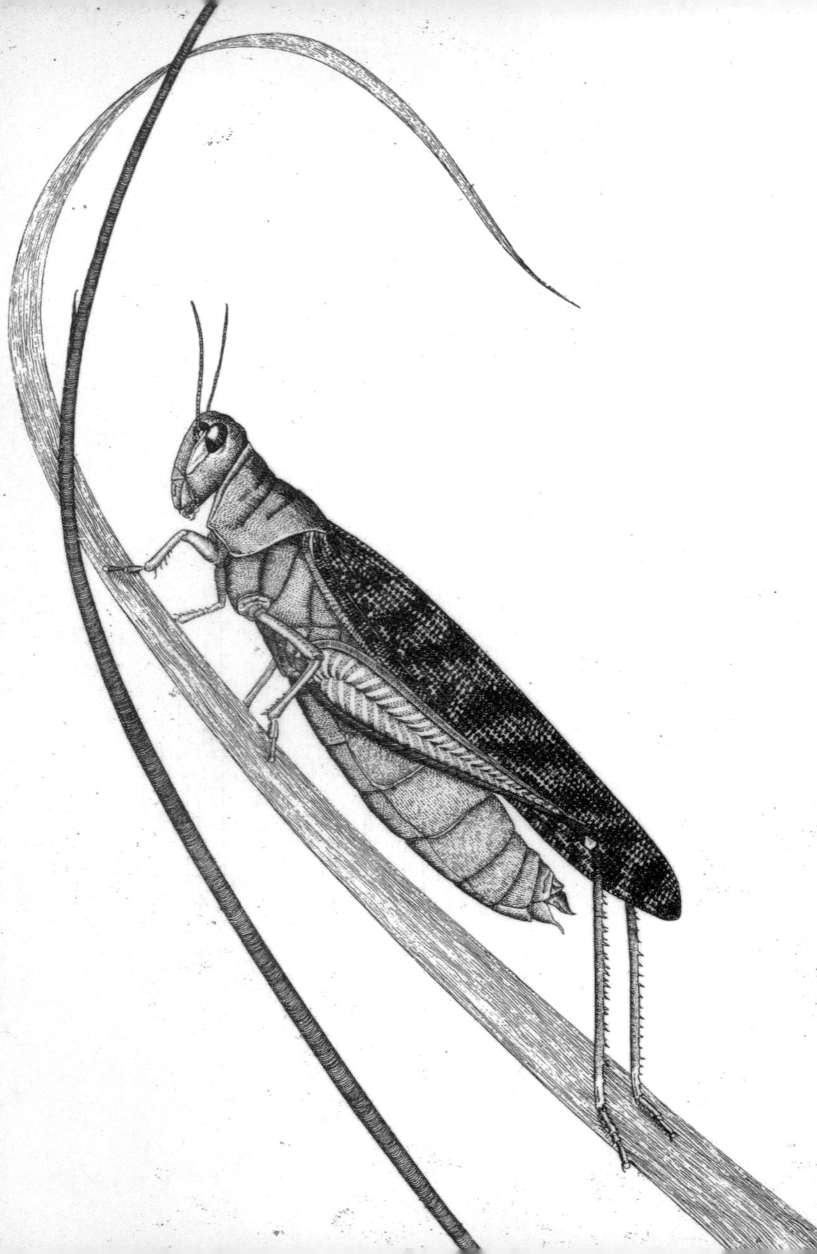

（破壊）

ロッキートビバッタ
Rocky Mountain Locust

MELANOPLUS SPRETUS

体長	：35ミリ
科	：バッタ科
生息場所	：アメリカ西部の低湿地や草原
分布地	：北アメリカ

　1875年の夏、アメリカ西部一帯を蝗害が襲った。地平線の彼方から黒い影が立ちのぼって空を覆い、どんな雷雨や竜巻もしのぐ速さで向かってくるのを、農家の人々は恐怖におののきつつ見守った。太陽はかげり、見えなくなって、あたりが奇妙な唸りとぱちぱちいう音で包まれたかと思うと、いっせいにバッタが舞い降りた。

　あまりに急だったので、親は子どもたちをひっつかみ、走って逃げなくてはならなかった。バッタはトウモロコシ畑の隅から隅まで群がり、家や納屋を覆いつくし、樹木を食らい、家の中にも押し寄せてきて、床や壁に積み重なった。襲撃はとどまるところを知らないようだった——無数のバッタが空から落ちてきたが、さらに多くが近隣の郡へと移動していった。

　大群の規模は、ほぼ理解不能だ。目撃者によると、バッタの重みで木の枝が折れたという。地に落ちたバッタの体は15センチの高さに積み重なった。バッタは川を詰まらせ、トン単位でグレートソルト湖に

(**Destructive / Rocky Mountain Locust**)

流れこみ、湖の周囲に打ち寄せられた水漬け死骸は3キロにわたって1.8メートルの高さに積み上がって悪臭を放った。

あまりに急だったので、
親は子どもたちをひっつかみ、走って
逃げなくてはならなかった

　このとんでもない大群の規模は513,000平方キロ——カリフォルニア州の面積より広い——と推定されており、約3.5兆匹とみられている。バッタは作物を壊滅させ、おそるべき速度で効率よく繁殖した——2.5×2.5センチメートルの土壌に150個の卵が産みつけられた。生き延びるのはごく一部としても、標準的な農家には、なくなった作物に代わって3,000万匹分の卵が地中に残される。春になって幼虫が孵ると、地面が沸き立つように見えた。

　蝗害はグレートプレーンズ一帯に広く貧困と飢饉をもたらした。一部の州では農家にバッタ賞金を提示して、35リットル容器いっぱいの卵や若虫を2、3ドルで引き取って駆除を試みつつ、困窮した市民に収入を提供しようと努めた。一部の冒険的な農家は、無料のタンパク源を利用して活路を見出そうと、飼育していたニワトリや七面鳥をバッタの群れに放ってみた。だが鳥たちは虫を腹いっぱいに詰めこみ、文字通り死ぬほど食べてしまった。そしてバッタを食べたことから肉まで汚染され、食肉としても利用できなくなってしまった。農家は土に灯油をかけ、畑を焼きはらい、手に入るかぎりの毒や薬を用いてみたが、

(破壊)

効果はなかった。バッタは1800年代後半を通じてこの地域に襲来しては、荒廃と大規模な飢饉を残していった。当時ロッキートビバッタのライフサイクルは、ほとんど解明されていなかった。現代の昆虫学者なら知っていることだが、蝗害を起こしたこの虫は、追い詰められたバッタにすぎなかった。ロシアの昆虫学者ボリス・ウヴァーロフは、1920年代の研究で、何の変哲もないある種のバッタが、ストレス下でめざましい変身をとげることを証明した。

通常、バッタは単独で餌を食するし、食糧がたっぷりあれば広域に広がる。だが干ばつになると密集し、その密度が化学的変化を引き起こして、メスは普段とまったくちがう卵を産むようになるのだ。この卵から孵った若虫は翅が長く、より密集して活動し、集団で移動する傾向があるし、これらが成長して産む卵は休眠期間が長い。体の色も変わる。要するに、ごく穏やかでまともなバッタの集団が、まったく別物に変身するのだ——群生し、行く手にあるものをすべて食らい尽くしながら移動していくバッタの大群だ。

見たこともないバッタがおそろしい大群でやってきたと入植者たちが主張したのも、バッタの大発生がつねに神罰と見なされるのも、そのせいだ。やって来たのは普通のバッタが変身したまったく見慣れない生き物で、大型で濃い色の、見たこともない姿の侵略者だったのだ。

さらに不思議なのは、このバッタが突然姿を消した点だ。研究者たちによると、20世紀に入る頃には群れの規模が小さくなり、やがては忽然と消えてしまったという。ロッキートビバッタは1902年を最後に確認されていない。ほかの種のバッタは大恐慌の頃に西部に襲来しているが、破壊のほども規模も、ロッキートビバッタには及びもつかな

(Destructive / Rocky Mountain Locust)

った。

　研究者たちはいまのところ、農家が得意の作業でこのバッタの根絶に成功したと考えている——農業だ。農家の人々は草原をトウモロコシ畑や牧場に変えて、この昆虫がいつも利用していた唯一の繁殖場所を破壊した。このバッタの集団は毎年ロッキー山脈沿いの豊かな渓谷に舞い戻っては繁殖していたのだ。ロッキートビバッタは絶滅したとみられている——アメリカの農家にとっては大いにありがたい話だ。

{近縁種} すべてのバッタが蝗害を起こすバッタに変わるわけではない。バッタ1万1千種のうち、ストレス下で姿を変えるのは10種あまりにすぎない。

(破壊)

● ゾウムシなんかこわくない

　南北戦争で戦った兵士たちは、敵より虫と戦ってばかりいるようだと思ったにちがいない。衣服につくシラミから、マラリアと黄熱を媒介するカ、食糧に穴を開けるゾウムシに至るまで、昆虫の問題は尽きなかった。ゾウムシは兵士たちが遭遇した中で最も危険な昆虫ではなかったが、最もかれらの士気をくじいただろう。

　北軍兵士は、小麦粉と塩と水でつくられた堅パンという一種のビスケットを携帯していた。分厚く、乾燥していて、とりたてておいしいわけではないが、濡らさないかぎり——状況によっては困難だった——カビは生えにくかった。開封したとき湿っていたりカビが生えていたりしなくても、堅パンにはたいていゾウムシがついていた。兵士たちは、それぞれ食料からゾウムシを取り除くやり方を編み出した。コーヒーにつけてゾウムシが浮いてきたところをスプーンですくうのも、そのひとつだ。だがたいていの場合は、ゾウムシも食事の一部になってしまった。ある兵士は「口にした新鮮な肉といえば、堅パンの中に入っていたものばかりです」と述べている。堅パンは焼いて食べていたという——火を通した肉のほうが好みだったからとか。

(Destructive / Fear No Weevils)

　食糧は携帯しなくてもいいと、兵士たちはよく冗談をとばした。あまりに虫がはびこっているから、ひとりでに歩いてくるという。だがこの冗談には、苦痛とふつふつとした怒りがこめられていた。1863年8月、ガルベストン島で兵士たちの暴動が起こった。報酬不足、夏の暑さの中の果てしない演習、そして特に「酸っぱく、汚くて、ゾウムシに食われている」コーンミールを食べさせられることに対する暴動だ。ゾウムシは小型の草食性昆虫で、下向きに曲がった細長い口吻を持っている。破壊的な行動で歴史を変えた種もある。

グラナリアコクゾウムシ
GRANARY WEEVIL　*Sitophilus granarius*

　「コムギゾウムシ」（ウィートウィーヴィル）という別名を持ち、小麦の粒に食い入って卵を産みつけ、特殊な分泌物で穴をふさぐ性質がある。幼虫は成虫になるまで麦粒の中で過ごし、麦粒を食い破って外に出て、交尾してライフサイクルをつないでいく。食糧の堅パンに住みついていたのはおそらくこの種だろう。

ココクゾウムシ
RICE WEEVIL　*Sitophilus oryzae*

　英語名を「ライスウィーヴィル」というが、米にかぎらず、トウモロコシ、大麦、ライ麦、豆、木の実も食する。もともとインドに分布しており、現在では世界中（特に温暖な地域）の食糧棚で見かけられる。グラナリアコクゾウムシと同様に、貯蔵されている穀物に穴を開けて中に卵を産みつけるので、腹立たしいほ

(危険)

ど見つけにくい。体長わずか2、3ミリで、穀物に紛れこんでしまうのだ。

メキシコワタミゾウムシ
BOLL WEEVIL　*Anthonomus grandis*

　おそらく世界で最も有名なゾウムシだろう。人差し指の爪ほどの大きさの、小型の茶色の虫で、1892年にメキシコから国境を越えてアメリカに入国し、たちまち国内の綿花を食いつぶしにかかった。ジョージア州だけでも、綿花の収量は最大時の280万梱から60万梱に減少した。1922年には、620万梱の綿花を食べてしまった。この虫を抑えこむ取り組みがあまり進まないうちに大恐慌が起こったため、一部の農家は農業をあきらめて土地を離れた。残りの農家はこれを機に多角化を図り、ピーナッツなどの作物を植え、最終的には収益を増やした――だがこれで南部はすっかり変貌した。アラバマ州エンタープライズの町には、綿花を捨てて収益性の高い作物を植えるきっかけとなったゾウムシの記念碑が建てられている。

　メキシコワタミゾウムシがアメリカの綿花栽培農家にもたらした損害額は910億ドル、1日当たり200万ドル超に相当する。毒攻めが試みられ、自家製のヒ素入り糖蜜や、ヒ酸カルシウムの散布を試したあげく、最終的には第二次世界大戦後に用いられていたDDTなどの殺虫剤が使われた。メキシコワタミゾウムシは、これらの薬品が禁止されるより早く耐性を獲得した。1980年以来、アメリカ農務省はメキシコワタミゾウムシ撲滅計画に国を挙げて取り組んでおり、国内の綿花畑すべて――6万平方キロメートル超――が対象になっている。総合的な害虫駆除対策によって、メキシコワタミゾウムシは国内の綿花畑の87パーセントから取り除かれ、農薬の使用量も少なくとも半減している。

(Destructive / Fear No Weevils)

クルクリオ・カルエ
PECAN WEEVIL *Curculio caryae*

　ペカン（ピーカン）やヒッコリーの木にはびこる害虫で、木の実に穴を開けて卵を産みつける。幼虫は中で実を食べて成長するので、不運にもそんなナッツの殻を割ってしまった人は、まるまると太った白い幼虫が中身を食べているところを目撃するはめになる。

キンケクチブトゾウムシ
BLACK VINE WEEVIL *Otiorhynchus sulcatus*

　観賞用庭園の敵で、フジ、シャクナゲ、ツバキ、イチイなどの植物を食する。成虫はすべてメスで、オスなしで繁殖する。植物の根に卵を産みつけ、卵から孵った幼虫は根をむさぼる。成虫は葉を食し、葉の縁には食べた跡が特徴的な切れこみとして残る。

食糧は携帯しなくてもいいと、
兵士たちはよく冗談をとばした。
あまりに虫がはびこっているから、
ひとりでに歩いてくるという。

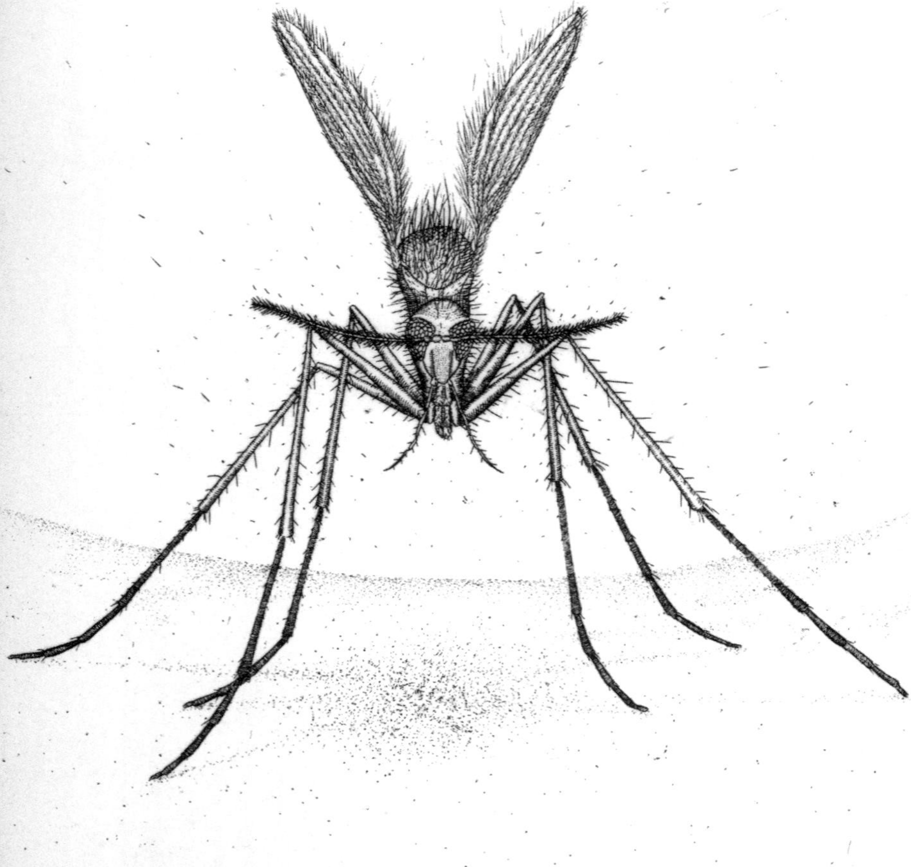

(危険)

サシチョウバエ
Sand Fly PHLEBOTOMUS SP.

体長	：〜3ミリ
科	：チョウバエ科
生息場所	：熱帯・亜熱帯の森林、木の生い茂る湿地帯、水源近くの砂地
分布地	：サシチョウバエは中東、ヨーロッパ南部のほか、アジア、アフリカの一部に分布
	リーシュマニア症を媒介するルツォミヤ属は、ラテンアメリカの多くの地域に分布

　イギリスのテレビ司会者ベン・フォーグルは、おそろしくもめずらしい病気にさらされる機会を山ほど経験してきた。BBCの複数の冒険番組の司会をつとめるかれは、アウター・ヘブリディーズ諸島の孤島に置き去りにされ、手漕ぎボートで大西洋を横断し、サハラ砂漠を疾走した。まるで不死身のようだった——34歳でサシチョウバエに遭遇するまでは。

　サシチョウバエは小麦色の小型のハエで、成虫はわずか2週間で寿命を終える。メスは吸血して卵を産む。吸血時はほとんど痛みを感じないが、きわめて煩わしい。サシチョウバエがはびこる地域では、いつの間にか群れに取り囲まれていることが多いのだ。吸血しないオスが、食事にやってくるメスを待ち受けて、恒温動物のまわりを飛びまわるからだ。つまり攻撃のように感じられるのは、じつは複雑な交尾の儀式で、たまたま食料源——あなた——がその中心にいるにすぎない。昆虫学ではこの群れをメイティングレックと呼ぶ。

　メスは吸血の際、まず口器を皮膚にさしこみ、鋸歯状の下顎を鋏のように使って血だまりをつくり、食事の時間を少し延長してくれる抗凝

(Dangerous / Sand Fly)

固物質を注入する。このハエが媒介する病気は数種類あるが、最も有名なのはリーシュマニア症だ。ペルーを探検したベン・フォーグルの命を、もう少しで奪うところだった病気である。

ジャングルの中で、フォーグルはマラリアに似た症状——めまい、頭痛、食欲減退——が出ていることに気づいたが、南極探検に向けた訓練のために撮影後ロンドンへ戻った。かれはその訓練中に倒れて何週間も寝たきりになり、医師団は原因究明に追われた。マラリアなど有名な病気の検査は、すべて陰性だった。腕に醜い炎症が現れて、ようやくかれにも見当がついたのだった。

中東ではサシチョウバエが問題になっていて、現地に駐留している兵士たちは、この虫による傷を「バグダッドの腫れ物」と呼んでいる

リーシュマニア症を引き起こすのは、ある種の寄生原虫で、これはサシチョウバエの媒介でほかの動物から人間に伝播される。この病気には、さまざまな型がある。皮膚リーシュマニア症では、炎症が治るのに数ヵ月から1年間かかる。内臓リーシュマニア症では原虫が内臓にはびこり、命に関わることもある。粘膜皮膚リーシュマニア症では、潰瘍ができて鼻や口の周辺に症状が現れ、長期にわたって影響が残る。不運にもフォーグルが感染したのは、危険性の高い内臓型だった。長期にわたる点滴治療が必要だったが、現在では復帰して、執筆や、旅や、新しい番組の撮影に取り組んでいる。

〈危険〉

　中東では、比較的危険性の低い皮膚リーシュマニア症が問題になっていて、現地に駐留している兵士たちは、この病による傷を「バグダッドの腫れ物」と呼んでいる。1991年、湾岸戦争から帰還したアメリカ兵には、リーシュマニア症を伝播する可能性があるとして、2年間献血を控えるよう要請が出された。リーシュマニア症は、2003年にも発生している。軍当局者たちはこの病の危険性について警告を発したが、殺虫剤と蚊帳が不足していた。2千人超の兵士が感染したとみられているが、いまの兵士たちは現場で手当てを受け、記録が残る軍の病院には行っていないため、実態ははるかに多いだろう。この病気はアメリカでは少ないため、残念ながら国内の医師たちは、ときに皮膚症状を見逃してしまう——それが誤診を招いて、帰還兵の治療が遅れる場合もある。

　世界では、年間150万人が皮膚リーシュマニア症に感染し、50万人が内臓リーシュマニア症と診断されている。治療に使われる薬は非常に強力で、慎重な臨床監視が必要だ。ワクチンの研究も進んでいるが、現在のところ唯一の予防法は、サシチョウバエを避けることだ——このハエは「砂漠のハエ(サンドフライ)」という英語名に反して、砂漠にかぎらず、熱帯・亜熱帯全域に生息している。

{近縁種} 病気を媒介するこれらの吸血バエは数十種確認されているが、アメリカで通常「サンドフライ」と呼ばれる昆虫の正体は、近縁ではないヌカカである。

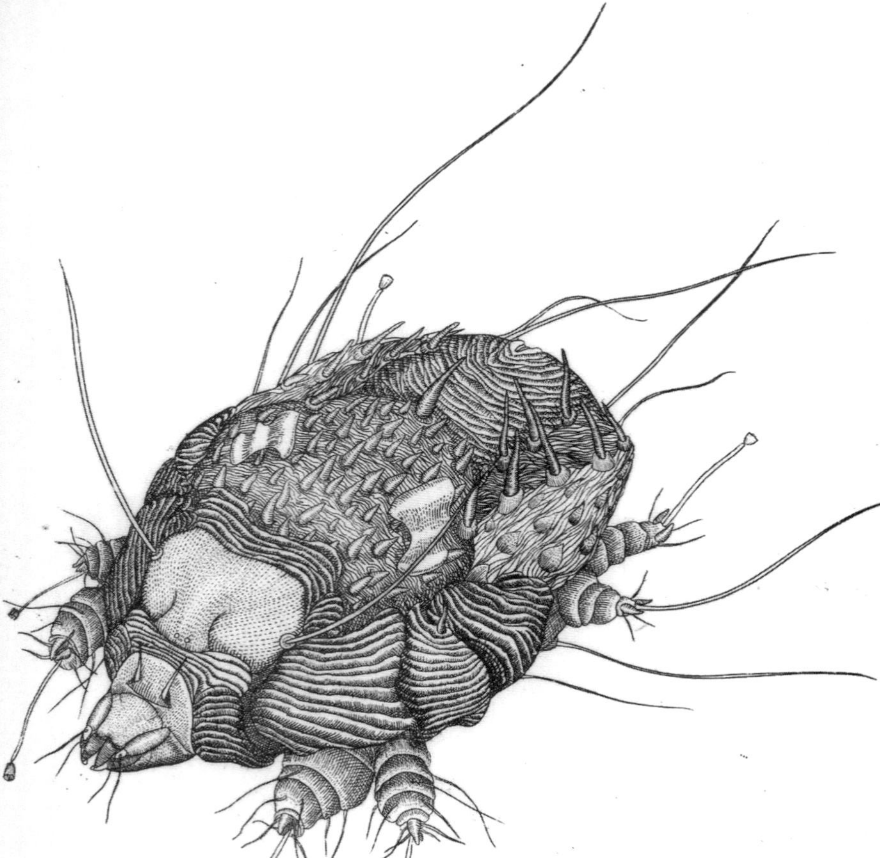

(苦痛)

ヒゼンダニ
Scabies Mite
SARCOPTES SCABIEI VAR. HOMINIS

体長	：〜0.45ミリ
科	：ヒゼンダニ科
生息場所	：宿主の体表、もしくはすぐそばで発見される
分布地	：世界中

　フランチェスコ・カルロ・アントンマルキは、ナポレオン・ボナパルトがセントヘレナ島に流された際に同行して、最後の医師のひとりとしてかれに仕えた。気難しく要求の多い患者、ナポレオンは長年のうちに数々の病を抱えていた——消化器の異常、肝臓病、そして謎の炎症。アントンマルキの記録によると、1819年10月31日、ちょうどナポレオンが没する1年半前に、つぎのような奇妙なやりとりがあったという。「皇帝は不安定で苛立っていた——わたしは鎮静剤を示して服用するよう進言した。『ありがとう』と、皇帝は言われた。『きみの調合薬よりいいものがあるんだ。用を足すときのような心持ちがするよ』そういいながら、皇帝は椅子に身を投げ出して左腿をつかみ、どこか待ちかねたように嬉しげに切り裂いた。傷口がひらき、血が噴き出した。『言っただろう？　これで良くなった。まずいことが起こる時もあるが、その時はこれで楽になる』」

　ナポレオンが自分の皮膚を切り裂くのを見たのは、アントンマルキが初めてではなかった。使用人のひとりは、ナポレオンが「腿に爪を強く突き立て、血が流れ出すところを何度か見た」という。軍事活動中、

(Painful / Scabies Mite)

かれが血まみれになっているので、戦いで負傷したものと兵士たちは思っていたが、じつはただ掻きむしって出血したにすぎないこともしばしばあった。ナポレオンがこのように必死に体を掻いていた理由はおそらく永遠にわからないが、診療にあたった医者のうち少なくともひとりは、かれの皮疹を疥癬と診断している。

当時はよくわかっていなかったが、ヒゼンダニはナポレオン戦争以降、あらゆる戦争で兵士たちを苦しめてきた。密集しておくる生活、何日も着替えられず洗濯もできない状況、戦時中の貧しい人々の集団移動、すべてがヒゼンダニの蔓延を促した。1600年代後半には、疥癬の原因が寄生虫であると医学界に訴える試みも一度ならずあったが、ほとんどが無視されて終わってしまった。おそらくナポレオンの医師団は、疥癬とは「気質」の失調で起こるものと考えていただろう。

ナポレオンは、疥癬が感染症であることを理解していた。軍人になってまもなく、かれはその後長くわずらう皮膚疾患のきっかけになった出来事に関する記録を残している。1793年のトゥーロン制圧中、大砲に弾をこめていた砲手が狙撃されたため、ナポレオンが代わりを務めた。男の死体も、残された装備も、戦いの熱気で汗びっしょりだった。ナポレオンは、このときに「死んだ兵士がかかっていた、痒みをもたらす感染症を受け取ってしまった」と考えていた。

1865年、ナポレオンの死から数十年たって、ようやく疥癬をもたらすのが肉眼で見えないくらいの大きさのダニだという事実が広く受け入れられた。成虫のメスは皮膚（多くは手や手首のあたり）にもぐりこみ、卵を1日当たり2、3個産み続ける。卵から孵った幼虫は皮膚の表層に移り、小さな住みかをこしらえる。脱皮して若虫になり、成虫になると、

（苦痛）

短い生涯に1回きりの交尾をする。ここまでがすべて皮膚に住みついたままおこなわれる。交尾を済ませたメスは穴を出て、宿主の体を歩きまわって適当な場所を見つけ、卵を産みつけて家族を増やしていく。ヒゼンダニの寿命は1、2ヵ月で、そのほとんどを宿主の皮膚の中で過ごす。

ナポレオンは、戦場で死んだ兵士からこのとき「痒みをもたらす感染症を受け取ってしまった」と考えていた

　ヒゼンダニに寄生されて1、2ヵ月は、症状が出ない場合もある。しかしやがて、ヒゼンダニ自体はもとより、それが皮膚の中に残す排泄物にまで激しいアレルギー反応が起こる。炎症はときに下腹部、肩、背中全体に広がるが、かならずしもそこにヒゼンダニがいるとはかぎらない。皮膚と皮膚の接触による伝播が最も一般的だが、宿主を離れても2、3日間は生存可能なので、理論上は衣服、シーツ、玩具を介した伝播もあり得る。ナポレオンは疥癬らしき感染症に生涯悩まされたが、現代医療では、塗り薬で治療できる。

{近縁種} 人間、野生動物、家畜に寄生するヒゼンダニにはさまざまな種がある。*Sarcoptes scabiei canis*は、イヌに疥癬（ヒゼンダニ症）を引き起こす原因となる。

(Painful / What's Eating You?)

● 食い物にされないように

　ナポレオンを苦しめた寄生虫は、ヒゼンダニのみではなかった。1812年、ボナパルト将軍は50万超の兵を率いてロシアに進軍したが、大敗し、帰還した兵は数千のみだった。何があったのだろうか。本人は冬将軍のせいにしているが、現代の研究者たちは、世界最強の軍を屈服させたのは、翅のない小型の平たい昆虫だったと考えている。行軍中、兵士たちはポーランドやロシアの地方農民にたかって食料と宿を手に入れ、貧しいかれらからやっかいなヒトジラミも貰い受けた。ある兵士の手記によると、「耐え難いうずき」で目が覚めたという。「おそろしいことに、体が害虫に覆われていた！」。かれは飛び起きて衣服を火に投げこんだ。冬が近づき、配給が乏しくなって、まちがいなく後悔したはずだが。

　だがナポレオンの軍を敗北に導いたのは「耐え難いうずき」のみではなかった。ヒトジラミは発疹チフス、五日熱[1] など、軍隊に大打撃を与える数々のやっかいな病気を媒介するのだ。わずかに生き残ったナポレオン麾下の兵たちは、病気で弱っており、ロシアから退却するしかなかった。この敗北が、ナポレオンの輝かしい戦歴の終わりを告げることになった。

　1919年、ロシア内戦のさなかに発疹チフスはふたたび猛威をふる

〈苦痛〉

った。貧困、密集しておくる集団生活、戦争がはびこらせたヒトジラミが原因で、レーニンが「社会主義がシラミを倒すか、シラミが社会主義を倒すか」と述べるまでに至った。

　世界で4千種確認されているシラミのうち、人間につくのは3種のみ——コロモジラミ、アタマジラミ、ケジラミだ。この3種は人間のみを食料源としており、人体の生態系において特殊な地位を占めている。近年これらの研究から、進化生物学者が人類史の驚くべき事実を解明した。アタマジラミは、人間とチンパンジーの共通の祖先がいた700万年前から存在していた。コロモジラミは約10万7千年前、人間が衣服を身につけるようになった頃に、アタマジラミから進化した。しかしケジラミは、種としてはむしろゴリラにつくシラミに近い——何らかの親密な接触を介して、ゴリラのシラミが人間に移ったのだ。詳細は永遠の謎である。

＊1　リケッチア症の一種で、5日間隔の発熱、下肢の痛みなどの症状がみられる。別名「塹壕熱」。

コロモジラミ
BODY LICE　*Pediculus humanus humanus* syn. *Pediculus humanus corporis*

　ありがたいことに、コロモジラミはほとんどの人にはなじみのない存在だ。進化の過程で、体ではなく衣服の縫い目や裏地に卵を産みつけるようになった。このためコロモジラミがはびこるのは、路上生活者や、ときに何週間も同じ服を洗わずに着なければならない貧しい人々のみだ。卵は体温に反応して孵化するので、絶えず身につけられている衣服は、絶好の繁殖場になる。孵化した

(Painful / What's Eating You?)

ばかりの若虫は、数時間以内に皮膚に移動して食事をしなければ生き延びられない。翌週には成虫になって、さらに数週間過ごして生涯を終えるまで、一貫して人間の血液を栄養源にする。最もひどい例ではひとりの人間に3千匹のコロモジラミが発見されている。病気を媒介する可能性がなくても、この小さな吸血動物にたかられるだけで充分危険といえる。

ひどく蔓延すると、皮膚が妙に肥厚して変色するコロモジラミ寄生症、別名「浮浪者病」が起こる。また、リンパ節の腫れ、発熱、炎症、頭痛、関節や筋肉の痛み、そしてシラミへの曝露そのものによるアレルギーが起こる。高熱が出るとシラミは宿主から離れて、体温が高すぎない宿主を探しに出かけるため、病気が広まる可能性も高まる。

シラミが媒介する病気として最も浸透しているのが発疹チフスだ。ムササビの血液にもみられる細菌の一種、発疹チフスリケッチア（*Rickettsia prowazekii*）の感染が原因で起こる。この細菌は、シラミの刺咬で媒介されるわけではない。シラミの糞の中に排泄され、人間が咬み跡を掻いたときに、知らないうちに咬み傷から押しこまれて血中に入るのだ。この菌は糞の中で90日間生存できるため、感染の機会は充分にある。症状としては発熱、悪寒、炎症がみられ、やがてせん妄、昏睡を起こし、死に至る場合もある。

発疹チフスの症例で、死に至るのは全体の約20パーセントだが、戦時中の死亡率は概してもっと高い。命を取り留めた人のリンパ節には何年も細菌が残った（現代の抗生物質を使えば完治に至る）。人間は発疹チフスにかかっても生き延びられるが、シラミは必ず死ぬ。発疹チフスワクチンを開発したハンス・ジンサーはこう書いている。「シラミに恐れという感情があったなら、かれらにとっての悪夢とは、いつか（発疹チフスに）感染した（中略）人間に宿ってしまうことだ。人間は万物を自己中心的にとらえすぎる。シラミからみれば、われわれの方こそおそろしい死の使いなのだ」。

この病気は人口密度の高い不衛生な環境で生活している兵士たちを苦しめたほか、1500年代にヨーロッパの人々が接触したアメリカ先住民にも広がり、

(苦痛)

数百万人超の死者を出した。現在も難民キャンプやスラム街など、大量移民、過密、貧困が揃った環境ではいまだに大発生している。

　昔は、シラミは人間から生まれるように、自然と皮膚から出てくるものだと考えられていた。アリストテレスは「シラミは動物の肉から発生」するもので、皮膚の「小さな発疹」から飛び出てくるところが肉眼で確認できると述べている。シラミがはびこる「シラミ症（*phthiriasis*）」は、罪に対する罰だと考えられていた。1882年にL・D・バルクレーが「腫瘍や炎症からシラミが出てくるというおとぎ話は、まったく科学的根拠に欠けている——実際どうしようもなくばかげた話だ」と述べて言い伝えを打ち消すまで、そう信じられていたのだ。デンマークの昆虫学者ヨルゲン・マティアス・クリスティアン・シュッテ（Jørgen Matthias Christian Schiødte）は、こう書いている。「はるか古代の亡霊であるシラミ症は、無知によって生まれた竜やその他の怪物たちと共にようやく葬られた」。

アタマジラミ
HEAD LICE　*Pediculus humanus capitis*

　シラミには孵化した場所の皮膚と色を合わせる変わった能力があるので、アタマジラミ——見つかるのはうれしくないものだが、特に危険ではない——は見つけにくい。アタマジラミは病気を媒介しないし、不潔にしているからいるというわけでもない。だが腹立たしいほど駆除が困難で、驚くほどよくみられる——学童がかかる伝染病では、風邪についで2番目に発生しやすい。アメリカでは毎年600〜1,200万人の児童（全児童の約4分の1）にアタマジラミの発生が見受けられる。黒人の児童は、ほとんどの場合アタマジラミに悩まされずに済む。アメリカのシラミは硬い髪や縮れた髪にはしがみつきにくいのだ（アフリカのシラミは特に問題なさそうだが）。

　メスのアタマジラミは髪に卵を産みつけ、少量の接着剤を分泌して固着さ

(Painful / What's Eating You?)

せる(事実、メスのアタマジラミは、このとき誤って自分の体もくっつけてしまう危険がある)。卵を産みつける場所として好むのは耳や首のあたりで、このあたりにいるときに発見されやすい。特殊な薬用シャンプーで殺せるが、一部地域ではこの類の化学薬品への耐性を獲得したシラミが発生しつつある。新世代の薬用クリームやシャンプーも登場しているが、濡れた髪に植物油をつけて目の細かい櫛で梳いて、卵を一つひとつ取り除く昔ながらの方法をとる親が多い。

ケジラミ
PUBIC LICE (CRAB) *Pthirus pubis*

ケジラミは毛に爪でしがみつき、決して離れようとしない。1ヵ所にとどまって栄養をとり、死ぬまでほとんど動かない習性があるため、糞が周囲にたまりやすく、人間にとってじつに不愉快な状態をつくりだす。硬い体毛の生えている部分にはどこにでも住みつく。眉毛、胸毛、あごひげ、脇毛、そして言うまでもなく陰毛にも。ケジラミの唾液に対するアレルギー反応で耐え難いかゆみが起こり、それがケジラミの蔓延を示す最初の兆候になることが多い。睫毛にもはびこるが(シラミ症)、病気を媒介するとはみられていない。

ケジラミは宿主を離れると2、3時間で死ぬため、便座、ホテルの寝具など無味乾燥なものを介した伝播は理論上可能だが、ほぼあり得ない。ケジラミは性的接触で最も移りやすく、フランス語では「愛の蝶(papillons d'amour)」と呼ばれている。

密集しておくる集団生活、
戦争がはびこらせたヒトジラミが原因で、
レーニンが「社会主義がシラミを倒すか、シラミが
社会主義を倒すか」と述べるまでに至った

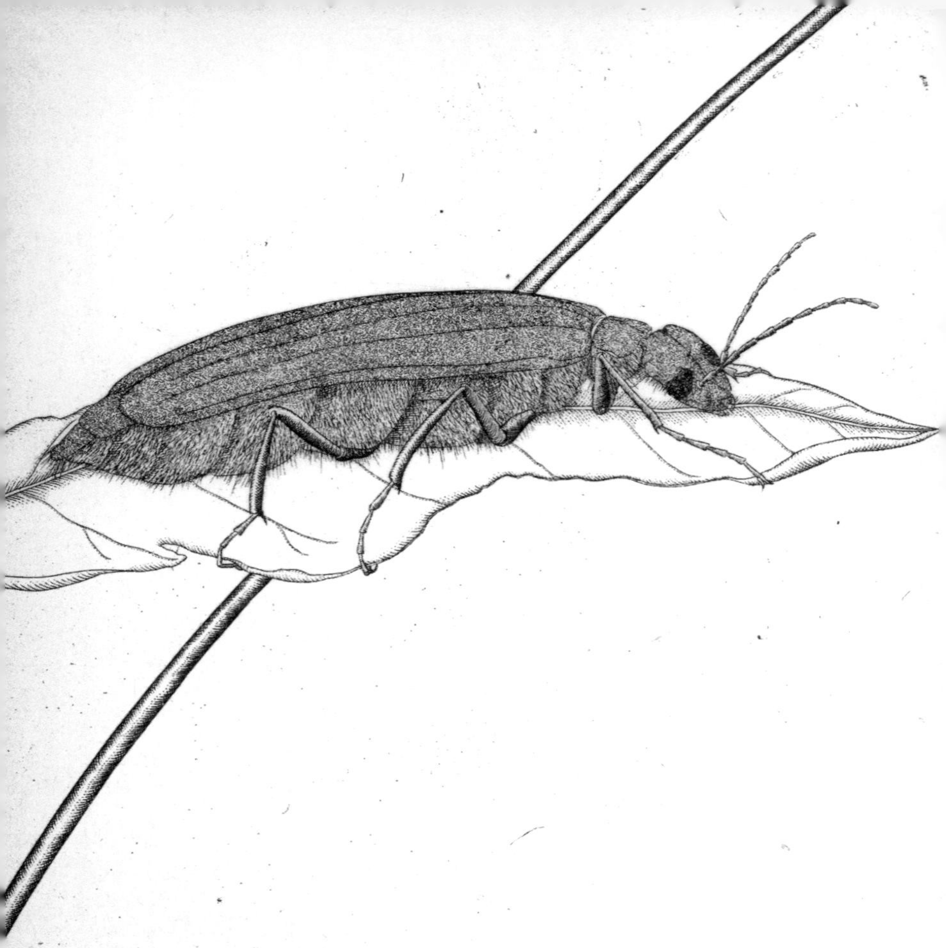

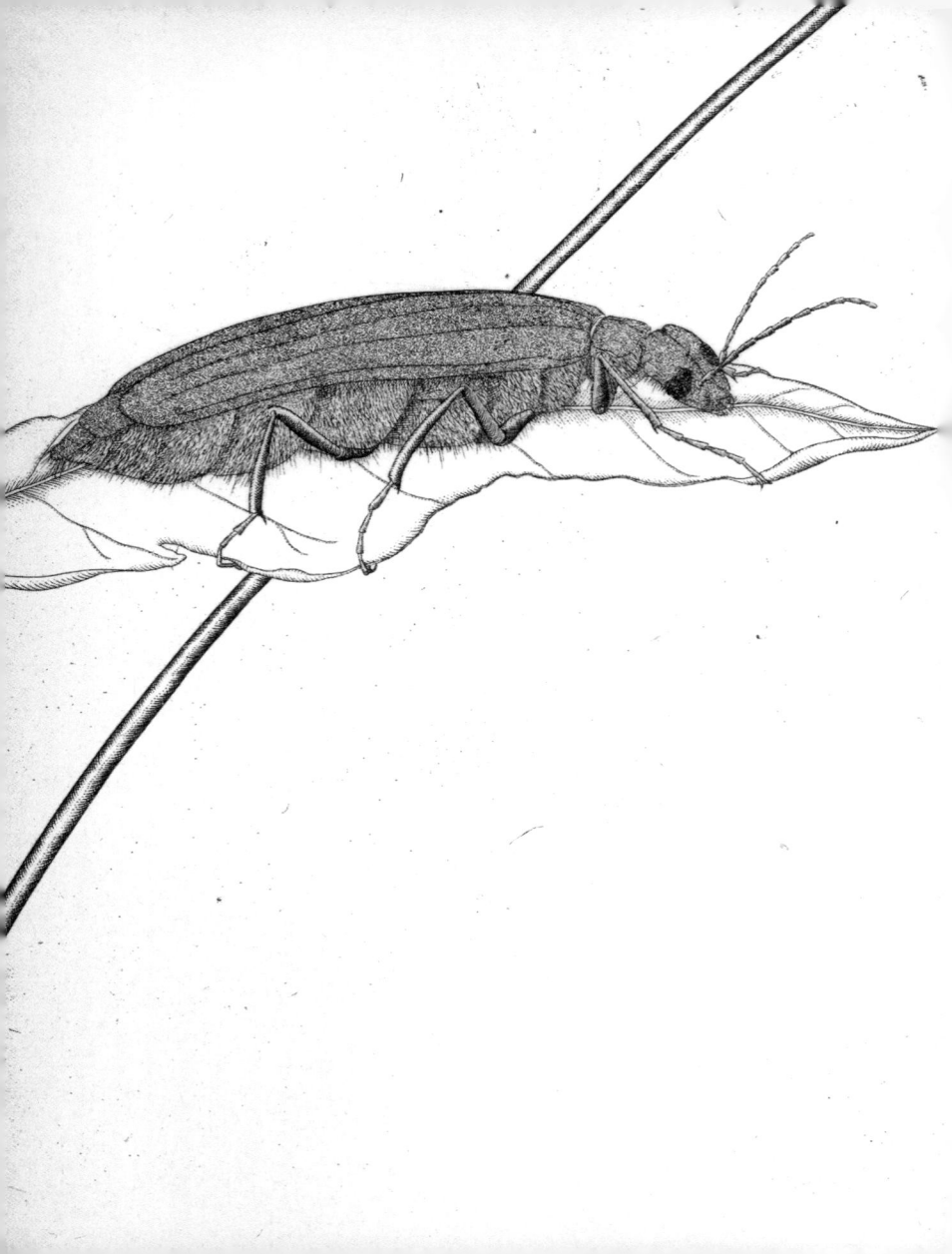

(苦痛)

スパニッシュフライ
Spanish Fly
LYTTA VESICATORIA

体長	：25ミリ
科	：ツチハンミョウ科
生息場所	：牧草地、野原、見通しの良い森林、農園
分布地	：北アメリカ・南アメリカ、ヨーロッパ、中東、アジア

「毒菓子の醜聞」と呼ばれている話がある。1772年6月、マルセイユを訪れたマルキ・ド・サドは、従者に娼婦を探してこさせた。従者は数人の女性を説き伏せて、主人のもとを同じ日に訪れさせた――サドにはめずらしくないやり方だった。サドは訪れた女性たち一人ひとりにアニスで香りづけした砂糖菓子をすすめた。すすめられた菓子を口にした女性もいれば、断った女性もいた（それを言うなら一部の女性は、サドのさまざまな提案――小枝でつくられた箒でかれを打つなど――も断っている）。

砂糖菓子を食べた女性たちは、それから2、3日間かなり体調を崩し、気持ちの悪い黒いものを吐いて、耐えがたい痛みを訴えたという。警察が噂を聞きつけ、サドは肛門性交と毒殺未遂の罪で訴えられた。かれは収監を免れようとイタリアへ逃亡したが、12月に逮捕された。春には何とか法の手を逃れたが、1778年に再逮捕された。それから10年間にわたって収監されている。

マルキ・ド・サドを窮地に陥らせた砂糖菓子には、玉虫色の光沢を持つ美しい緑の甲虫、スパニッシュフライの粉末が、媚薬としてしのばせてあった。この昆虫が持つとされていた効果について、当時の人は

（Painful / Spanish Fly）

こう書いている——「これらを口にした者はすべからく恥知らずな情熱と情欲にとらわれる。(中略) 最も貞淑な女性たちにも、自制は不可能だった」。

マルキ・ド・サドを窮地に陥らせた砂糖菓子には、玉虫色の光沢を持つ美しい緑の甲虫、スパニッシュフライの粉末が、媚薬としてしのばせてあった

　スパニッシュフライの媚薬効果の伝説のもとになったのは、この虫が分泌する防御物質カンタリジンだ。カンタリジンを摂取すると、尿道に炎症が起こり、痛みを伴う持続的な勃起（持続勃起症）が起こる。充分な量を摂取すると、消化器官の炎症、腎臓障害が起こり、死に至る。マルキ・ド・サド——のほか、無数の人々——がこの状態を性的興奮と取り違え、女性にも同じ効果があるものと誤って信じこんでいたのだ。

　スパニッシュフライはツチハンミョウ（ブリスタービートル）の一種で、毒を用いて捕食者を撃退する。この毒は繁殖にも役立っている——カンタリジンは交尾中にオスからメスに受け渡され、メスはこれで我が身と卵を守る。この毒は独特のやり方で、ほかの種にとっての媚薬に用いられている——アカハネムシの一種（*Neopyrochroa flabellata*）は、自分ではカンタリジンを生成しないが、スパニッシュフライからこれをもらい受けて、交尾相手を引きつけるのに用いる。この虫のメスは、子を守るのに使うカンタリジンの贈り物を提示しない求愛者を拒むのだ。

　防御物質をもっていても、食べられてしまうこともある。1861年、そ

〔苦痛〕

して1893年に、北アフリカに駐留していたフランス兵たちが、カエルの脚を食べたあとに持続勃起症を起こしたという記録がある。研究者たちは長年スパニッシュフライが関係しているのではないかと考えていた。この医学的な謎を解き明かしたのは、コーネル大学の昆虫学者トーマス・アイスナーだった。かれはスパニッシュフライをカエルに与え、その後カエルの組織中のカンタリジン濃度が、苦痛を伴うつらい症状を起こすほどに高まっているのを証明したのだ。発症するには、スパニッシュフライを食べた直後のカエルを食べなければならないようで、このためカエルの脚を夕食に食べても危険性は低い。

スパニッシュフライそのものも、家畜には危険な存在だ——アルファルファの干し草を食べる一部の種は、うっかり干し草に混ざって馬の餌になってしまうことがある。幼虫はバッタの卵を食べるので、農家や牧場では、バッタが大量にいるとスパニッシュフライも増加することが知られている。スパニッシュフライたった100匹で、体重90キロの馬を殺してしまうか、少なくとも疝痛を引き起こすことがわかっている。スパニッシュフライの駆除は不可能に近いので、アルファルファの栽培地では、この虫が干し草に混ざる可能性を最小限に抑える特別なガイドラインに従って、監視と刈り取りをおこなう必要がある。

{近縁種} 世界で3,000種が確認されており、そのうち300種はアメリカに分布している。

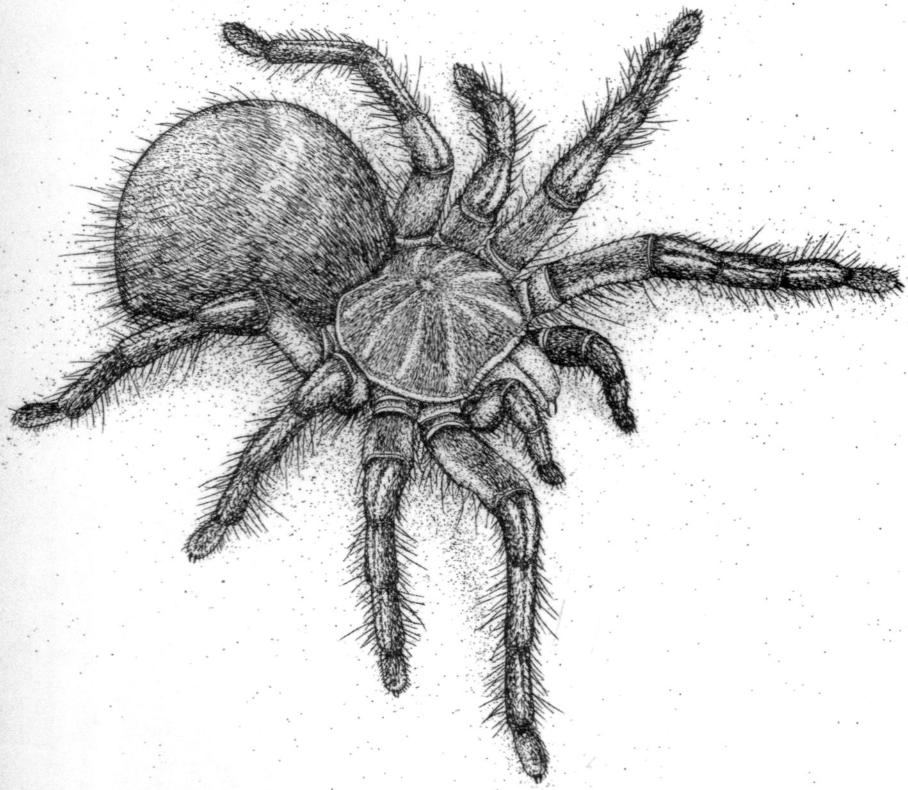

(苦痛)

オオツチグモ（ルブロンオオツチグモ）
Tarantula THERAPHOSA BLONDI

体長	～30センチ (脚を含む)
科	オオツチグモ科
生息場所	おもに温暖気候の森林、丘陵、砂漠
分布地	北アメリカ・南アメリカ、アフリカ、アジア、中東、オーストラリア、ニュージーランド、ヨーロッパ

　キャロル・ハーギスはカリフォルニア州で最も不器用な殺人者といえるだろう。1977年のはじめ、彼女はサンディエゴで海兵隊の訓練教官をつとめる夫デヴィッド・ハーギスとの結婚に幻滅を感じはじめた。夫は生命保険に入っていた。軍人としていつ危険な目に遭うかわからないと考えて、妻（と、その連れ子たち）が困らないように計らったのだ。キャロルは近所の女性に保険の話をして、まもなく2人でデヴィッドを殺して保険金を山分けする計画を立て始めた。

　2人がたてた10余りの殺人計画は、悲劇的な結末を迎えなければ、滑稽なものといえただろう。まずキャロルが着想を得たのは、テレビ番組『ヒッチコック劇場』の、浴槽にドライヤーを落として感電死させるエピソードだった。彼女はこれに挑戦してみた——だがそのときデヴィッドはシャワーを浴びていて、感電させるには水が足りなかったが。つぎはフレンチトーストにLSDをたっぷり入れてみたが、デヴィッドは腹痛を起こしただけだった。ほかにはキャブレターに弾丸を仕込んだり、マティーニに洗剤を入れたり、ビールに睡眠薬を入れたり、自動車事故を仕組んだりした。睡眠中に注射して血管に気泡を入れようとしたときは、針先が折れてしまい、朝になって目覚めたデヴィッドには、

(Painful / Tarantula)

虫刺され跡のようなものが残っていた。

　そしてオオツチグモのパイ。キャロルはオオツチグモを飼っていて、最初はデヴィッドが咬まれるように、かれが眠るベッドにこの毛むくじゃらのクモを入れようと考えていた。だがさらに良いアイデアを思いついた——オオツチグモの毒液嚢を取り出して、ブラックベリーパイにしのばせたのだ。デヴィッドの幸運はまだ続いた——2、3口食べたが、毒のある部分には触れずじまいだった。もはや不死身のように思われた。

　やがてキャロルと隣人は絶望して、昔ながらのやり方で撲殺することにした。就寝中のデヴィッドを殴り殺して死体を砂漠に捨て、事故にみえるよう祈ったのだ。願いはかなわなかった。警察は難なく真実を見つけ出し、2人は裁判で有罪判決を受けた。

**彼女はオオツチグモの毒液嚢を取り出して、
ブラックベリーパイにしのばせたのだ。
夫は2、3口食べたが、毒のある部分には触れずじまいだった。
もはや不死身のように思われた**

　キャロル・ハーギスの数ある失敗の中には、オオツチグモの毒の致死性に対する誤解もあった。確かに見かけはおそろしい——オオツチグモ科最大のルブロンオオツチグモは、脚を伸ばした大きさがおよそ30センチに達する。このクモは罠を仕掛けて獲物——たとえばネズミ——が通りかかるのを待って襲いかかる。長さ約2.5センチの牙で毒を注入し、獲物を殺す。ほかのオオツチグモ同様、体は刺激毛（刺毛）

(苦痛)

に覆われていて、危険が迫るとこの毛を立てて敵を攻撃する。

 だがおそろしげな行動に反して、オオツチグモの咬み傷は、スズメバチやミツバチのひと刺し程度の威力しかない。確かに痛みはある——最近の研究によると、西インド種のトリニダードシェブロン(*Psalmopoeus cambridgei*)の毒は、トウガラシのハバネロと同じ仕組みで神経細胞に働きかけるという。熱く激しい痛みは耐え難いが、命に別状はない。重度のアレルギーを持つ人には非常に危険な毒だが、ほとんどの人は助かる。

 オオツチグモは前述の奇妙な殺人事件に使われただけでなく、昔からイタリアのタランテラという(だんだん速くなって、しまいにすさまじい勢いになる)踊りと関係があった。15〜17世紀にイタリア南部でみられた舞踏狂の一種「タランティズム」は、当時はオオツチグモに咬まれて発症すると信じられていた。だが実際は、麦角(ライムギにつく菌で、LSDの前駆物質が含まれる)中毒か、ある種の集団不安(ヒステリー)から起きた症状と考えられる。とにかくオオツチグモが原因である可能性はきわめて低い。

{近縁種} 世界中で800種超のオオツチグモが確認されている。

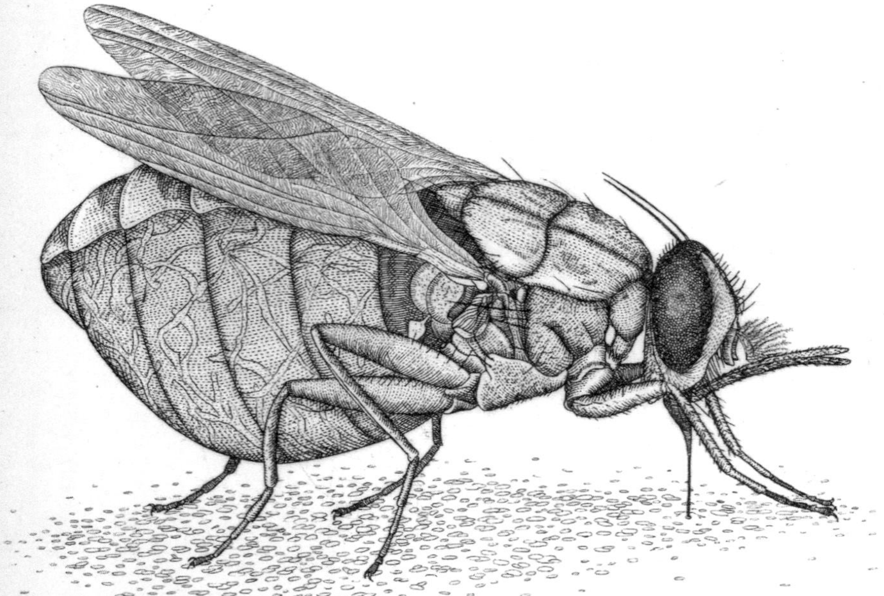

(死)

ツェツェバエ
Tsetse Fly GLOSSINA SP.

体長	：6〜14ミリ
科	：ツェツェバエ科
生息場所	：熱帯雨林、サバンナ林、茂み
分布地	：アフリカ(特に南部)

　1742年、軍医のジョン・アトキンスが「睡眠病」という病を報告した。西アフリカから連れてこられた奴隷たちがかかる病気で、前触れは食欲減退だけ。そのうち深い眠りに落ちて、ひっぱたいても目覚めなくなるのだ。アトキンスはこう書いている。「眠りは深く、感覚はほとんどない。引っ張っても、棒で打っても鞭で打っても、刺激で感覚と力を呼びさまし、動かすことができないし、打擲をやめたとたんに痛みを忘れ、再び無感覚の状態に陥ってしまう」。

　打擲が効かない場合は、何としてでも起こす努力をするようにアトキンスは勧めている。「治療法としては、何であれ患者を目覚めさせることが試されている。頸部からの瀉血、手早い下剤の投与(中略)海水にいきなり身を浸すなど。体調を崩して間もない頃で、涎や鼻汁を垂らす状態に至っていないなら、後者が最も効果的だ」。だが、ここで挙げた拷問めいた方法のいずれも実質的な効果はなくて、たいていが死に至ることをアトキンスも認めている。

　アトキンスは、この奇妙な病の原因として「過剰な粘液」に始まり、(個人的な見解として)奴隷たちの全般的な怠惰さと不活発さ、「生まれつきの頭の弱さ」まで、あらゆることを挙げている。「ツェツェ」音をたて

て飛びまわる、大型のうっとうしいハエの活動を調べることは思いつかなかったのだ。睡眠病の本当の原因が判明するには、さらに100年以上を要した。

アフリカでデヴィッド・リビングストンを発見したヘンリー・モートン・スタンリーの通ったあとには睡眠病が流行し、この地域の人口の3分の2が一掃された

ツェツェバエはおもにサハラ以南のアフリカに分布している。オスもメスも血液を栄養源とする。約30種確認されていて、それぞれ吸血場所が異なる。*Glossina morsitans*は人体のどこからでも吸血するし、*G. palpalis*は腰より上を好み、*G. tachinoides*は基本的に膝より下を狙う。ほとんどのツェツェバエは明るい色に引きつけられるので、中間色を身につけるのも、このハエを避けるひとつの方法だ。

ツェツェバエは野生動物、家畜、人間から吸血し、ときにトリパノソーマ属の原生動物を感染動物からほかの動物に伝播する。この病原体はリンパ系に入り、リンパ節を極度に腫れ上がらせる(ウィンターボトム徴候)。原虫は中枢神経系や脳に達して、炎症、疲労、痛み、性格の変化、錯乱、構音障害(ろれつがまわらない状態)を引き起こす。放置するとおもに心不全が原因で、6ヵ月以内に死に至る。

ツェツェバエは少なくとも3400万年前から存在しているが、このハエが媒介する病気については、昔の医学文献にごく稀に記述がみられ

〈死〉

るのみだ。ヨーロッパの探検家たちが、動物と労働者で構成された大規模な遠征隊にアフリカ大陸を移動させるようになって、睡眠病（トリパノソーマ症）は広まったのだ。実は、1871年にアフリカでデヴィッド・リビングストンを発見したヘンリー・モートン・スタンリーは、畜牛と人を大勢引き連れてウガンダを横断し、一行を手軽な食料源だと考えたツェツェバエもかれらについてきた。かれの通ったあとには睡眠病が流行し、この地域の人口の3分の2が一掃された。

睡眠病には2つの型があって、一方は東アフリカ、他方は西アフリカでみられる。現在のところ感染者は5万～7万人とみられているが、10年前はこの10倍だった。

病気の抑制戦略としては、ツェツェバエ自体に焦点を合わせる方法がある。国際原子力機関（IAEA）の研究では、「不妊虫放飼法」は、ある程度の成果が得られている。実験室でオスを育て、放射線処理で不妊化してから放してメスと交尾させ、そのメスは実際には子孫を残すことなくライフサイクルを終える。

残念ながら、トリパノソーマ感染者用の薬は、睡眠病そのものと同じくらい危険だ。そのひとつであるエフロルニチンは、もともとがん治療のために開発され、のちに西アフリカ型睡眠病に効果があることがわかった薬だ。製造費が高くつくため、製薬会社は1990年代に一度販売を中止したが、世界保健機関（WHO）の圧力を受けて、数年前に販売を再開したという経緯がある。最近もっと商業的成功が見込める用途が生まれて、この薬の生産に拍車がかかった——新製品である女性向け顔用むだ毛処理クリームの有効成分に用いられるようになったのだ。化粧品としての用途で利益が確保されて、エフロルニチンは

(Deadly / Tsetse Fly)

再び睡眠病の治療用に使える存在になった。

{近縁種} 約25種のツェツェバエがツェツェバエ科を構成している。

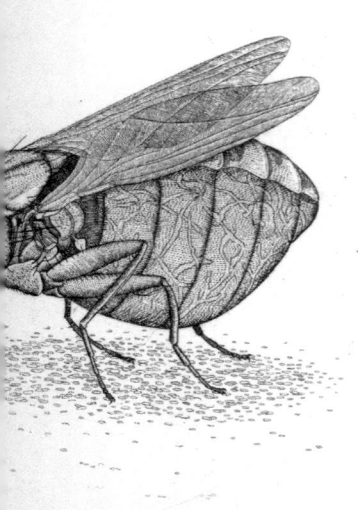

（不快）

● ゾンビ

　昆虫の世界には、昆虫版の『ナイト・オブ・ザ・リビングデッド』がある。これらの虫はほかの虫を食べるだけでなく、ほかの虫に寄生して無理やり命令に従わせるのだ。被害者たちは湖に飛びこまされたり、自分たちを縛める(いまし)この虫たちをほかの攻撃者から守ったりさせられる。この奇妙な行動が「ゾンビ」たちの益になることはめったにない。捕食者たちのライフサイクルにおける役割が終わると、かれらは「死に損ない」から、ただの「死体」になってしまう。

エメラルドゴキブリバチ
EMERALD COCKROACH WASP　*Ampulex compressa*

　玉虫色の光沢のある青緑色の体から、「ジュエルワスプ」という別名がある。アジアとアフリカに分布している小さな捕食性のハチで、はるかに大きなゴキブリに堂々と立ち向かい、命令に従わせる。卵を産む準備が整ったメスは、ゴキブリを追い詰めてひと刺しして、束の間動けなくする。時間稼ぎのためだ。次にゴキブリの脳に毒針を直接すべりこませて、逃避本能が働かないようにする。こうしてゴキブリを支配下に置いてしまうと、まるでイヌの手綱を引くように、触角を引っ張って誘導していく。

　ゴキブリはハチの後について巣穴に入り、おとなしくうずくまる。ハチはゴキブリの腹側に卵を産みつけ、ゴキブリを巣穴に残していく。ゴキブリは卵か

(Horrible / Zombies)

ら幼虫が孵るのをじっと待たされるのだ。幼虫はゴキブリの腹部を食い破って体内に入りこみ、内臓をたべて1週間過ごし、そのまま蛹化する。やがてゴキブリは死んでしまうが、蛹は1ヵ月間その体内にとどまり、成虫になって外に出てくるときには、ゴキブリは殻だけになっている。

ウオノエ
TONGUE-EATING LOUSE　*Cymothoa exigua*

　ダンゴムシに似た外見の水生甲殻類で、魚のえらから体内に入って舌にしがみつく。魚の舌から栄養分を吸い取って、根元だけにしてしまう。ウオノエにとっては問題ない——残った舌の根元にしがみつき、引き続き血液を吸いながら、魚が餌を食べられるように舌の代わりになる。魚市場に並ぶフエダイの口の中にも、ときどきこの寄生虫がいることがあり、買い物客を震え上がらせる。

サムライコマユバチ
PARASITOID WASPS　*Glyptapanteles* sp.

　この捕食性のハチは特定の種のイモムシを見つけて、その体内に多いときで80個の卵を産みつける。特にめずらしいことではない——イモムシの体内に卵を産みつけるハチはたくさんいる。だがこの種には変わったところがある。卵はイモムシの体内で育ち、孵化するとイモムシから離れ、近くの植物に繭をつくって蛹化する。イモムシはこの侵襲過程を生き延びて、ハチが蛹化した後もそばにいる。甲虫やカメムシなどの捕食者が繭に近づくと、このイモムシがのたうちまわって捕食者を打ち倒すのだ。ハチは成虫になると飛び去り、イモムシは奇妙な防御行動から何も得ることなく死んでしまう。

(不快)

ロイコクロリディウム
GREEN-BANDED BROODSAC *Leucochloridium paradoxum*

　自然界で最も奇怪なライフサイクルの持ち主の一種であることはまちがいない。この扁形動物の卵が孵化するには、鳥の糞に排出されて、カタツムリに食べられなければならないのだ。カタツムリに食われた卵は消化器に入り、長いチューブ状に成長してカタツムリの触角に侵入する。この時点でカタツムリは眼が見えなくなり、触角を引っ込めることもできなくなる。ロイコクロリディウムに侵入された触角は鮮やかな色になり、見通しのきくところでゆらゆら揺れる。鳥を引きつけてやまない行動だ。鳥が急降下してきてぱくりと食べられてしまうことこそ、この寄生虫の望みにほかならない。無事、鳥の体内におさまってはじめてロイコクロリディウムは成虫に成長して卵を産み、それが鳥の糞に排出されて、再びここまでの過程が繰り返される。

ハリガネムシ
HAIRWORM *Spinochordodes tellinii*

　ハリガネムシの微小な幼虫は、水を飲みに訪れたバッタに飲みこまれることを期待して、水中を泳ぎ回る。バッタの体内に入ると成虫に成長するが、ここで問題が発生する——交尾相手を見つけるには、水中に戻る必要があるのだ。そのためにハリガネムシは——おそらく中枢神経系に影響を及ぼすタンパク質を放出して——バッタの脳を掌握し、最も手近な水辺に飛びこんで自殺させる。バッタが溺れると、ハリガネムシはバッタの体から出て泳ぎ去ってしまう。

(Horrible / Zombies)

タイコバエ
PHORID FLY *Pseudacteon* spp.

　南アメリカに分布する微小なハエが、アメリカ南部のヒアリ（ファイアアント）問題を解決してくれるかもしれない。このハエはヒアリの体内に卵を産みつける。ヒアリは脳を幼虫に食べられて、1、2週間あてもなくうろつきまわる。やがて頭部がもげてハエの成虫が現れ、さらなるヒアリを探して死に追いやる。この暴力的で物騒な害虫駆除方法は、ヒアリに悩まされてきた人々にはとても満足のいくものだ。テキサス大学の研究者たちは実験的にタイコバエを放ち、大規模な放飼の影響を分析している。

こうしてゴキブリを支配下に置いてしまうと、まるでイヌの手綱を引くように、触覚を引っ張って誘導していく

End Notes

挿絵画家

　ブライオニー・モロー＝クリブスは銅版画作家で、すばらしい装丁の本や、陶磁器の「驚異の部屋」を手がけており、その作品には、合理的な科学の世界と、グロテスクで不条理な自然界との出会いへの興味があらわれている。

　ブリティッシュコロンビア州バンクーバーのエミリー・カー美術大学を卒業し、ウィスコンシン大学マディソン校にて美術学修士号取得を予定。アメリカをはじめ、世界各地で作品を展示している。

　バーモント州ブラットルボロにツイン・ビクセン・プレス（Twin Vixen Press）を共同設立。ワシントン州シアトルのデヴィッドソンギャラリー、およびホイッドビー島のブラッケンウッドギャラリーの契約アーティスト。

　緻密な昆虫調査に力を貸してくださったウィスコンシン大学マディソン校インセクトリサーチコレクションの特別学術研究員、スティーブン・クラウスへの感謝を、ブライオニーに代わってここに記させていただく。

資料

> 以下に示したURLその他のオンライン資料はWickedBugs.comにリンクを設けてある。

● 昆虫の識別

　昆虫の種類や昆虫の刺咬傷の特定は専門家に任せるべきだ。特定にあたっては、慎重に捕獲するか、鮮明な画像を撮影することが重要だ。情報を揃えたら、地元の農事相談所か、大学の昆虫科に協力を求めよう。

　アメリカ昆虫学会（www.entsoc.org）では、ウェブサイトに資料のページを設けて昆虫学会のリンクなど昆虫関係の情報を掲載している。

　王立昆虫学会（www.royensoc.co.uk）では、オンライン識別ガイドなど、イギリスの虫についての情報を提供している。

　BugGuide.netは昆虫愛好家のオンラインコミュニティで、昆虫、クモなどさまざまな虫の画像が投稿されている。

　バグライフ（www.buglife.org.uk）は慈善団体で、イギリスに分布しているきわめてめずらしい虫たちを含む無脊椎動物の保護のために活動している。

● 昆虫館

　昆虫館は、間近で昆虫を見るすばらしい機会を与えてくれる。自然史博物館や動物園の多くは、虫を展示している。ここに紹介するのは、世界の興味深い昆虫館のごく一部だ——

アメリカ自然史博物館（ニューヨーク州ニューヨーク）
American Museum of Natural History, New York, NY (www.amnh.org)

　世界最大級の昆虫コレクションを持つ博物館のひとつ。昆虫関連の展示を常設。

オーデュボン昆虫館（ルイジアナ州ニューオーリンズ）
Audubon Insectarium, New Orleans, LA (www.auduboninstitute.org)

　ハリケーン「カトリーナ」の襲来以降はじめてニューオーリンズに設けられた大規模施設。この昆虫博物館には生きた昆虫の展示があるほか、人間大の虫と地下で遭遇する疑似体験ができる。また、勇敢な子ども向けには、カフェテリアで昆虫を用いた珍味の試食もおこなわれている。

カリフォルニア科学アカデミー（カリフォルニア州サンフランシスコ）
California Academy of Sciences, San Francisco, CA (www.calacademy.org)

　4層の熱帯雨林、自然史博物館、教育博物館、生木を用いた「グリーンルーフ」がある。

フィールド自然史博物館（イリノイ州シカゴ）
Field Museum, Chicago, IL (www.fieldmuseum.org)

　昆虫と蝶の壮大なコレクションがあり、昆虫の特別展示が常設されている。

モントリオール昆虫館（カナダ、ケベック州モントリオール）
Montreal Insectarium, Montréal, Québec (www.ville.montreal.qc.ca/insectarium/)

生きた標本、保存標本、蝶の展示、特別プログラムがある。

ロサンゼルス自然史博物館（カリフォルニア州ロサンゼルス）
Natural History Museum of Los Angeles County, Los Angeles, CA (www.nhm.org)

生きた標本のいる昆虫園があるほか、来館者が虫に触れる「虫のショー」を定期的に開催。

自然史博物館（イギリス、ロンドン）
Natural History Museum, London, England (www.nhm.ac.uk)

「這いまわる虫たち（クリーピー・クローリーズ）」の展示、野生生物の庭、壮大なダーウィンセンターの展示で有名。

国立スミソニアン自然史博物館（ワシントンD.C.）
Smithsonian National Museum of Natural History, Washington, DC (www.mnh.si.edu)

昆虫園、蝶の展示館、そして膨大な量の標本がある。

●害虫防除

害虫の種類を正確に特定することが、虫を家や庭から追い出す第一歩だ。地元の農事相談所か、大学の昆虫科に連絡して、種の特定と駆除について協力を求めること。

アメリカではほぼ全州が総合的病害虫管理（IPM）プログラムを採用し、毒性の低い方法で害虫を駆除するのに役立てている。住んでいる州のプログラムをオンライン検索してみよう。たとえばイリノイ州なら www.ipm.illinois.edu に情報がある。

Pesticide Action Network North America (www.panna.org) では、農薬情報のデータベースと、農薬に代わる手段についての情報を掲載している。

Pest Control UK (www.pestcontrol-uk.org) では、イギリス国民向けに害虫防除に関するさまざまな情報を提供している。

リチャード・ファガーランド (www.askthebugman.com) は、コラム『バグマンに訊こう』の筆者で、実用的で安全な害虫防除についてのアドバイスを長年さまざまな媒体に掲載してきた。現在はかれのホームページで読むことができる。

● 昆虫媒介性疾患

アメリカの疾病予防管理センター（www.cdc.gov）、およびイギリスの国民保健サービス (www.nhs.uk) では、できるかぎり昆虫媒介性疾患に身をさらさないように旅行者に助言を発するとともに、さまざまな昆虫媒介性疾患について、おもな概要を発表している。

世界保健機関 (www.who.int) は、世界中で発生する昆虫媒介性疾患を監視するとともに、旅行者向けにおもな保健関連情報を提供している。

カーターセンター (www.cartercenter.org) は、本書でも紹介したさまざまな病気の根絶に取り組んでいる。対策としては、より衛生的なトイレの設置、浄水装置の配布、無償の薬の配布などをおこなっている。ごくわずかな寄付で、ひとりの命が救える。詳細はホームページを参照。

参考文献

●識別の手引き

Capinera, John L. *Encyclopedia of Entomology*. Dordrecht: Springer, 2008.

Eaton, Eric R., and Kenn Kaufman. *Kaufman Field Guide to Insects of North America*. New York: Houghton Mifflin, 2007.

Evans, Arthur V. *National Wildlife Federation Field Guide to Insects and Spiders and Related Species of North America*. New York: Sterling, 2007.

Foster, Steven, and Roger A. Caras. *A Field Guide to Venomous Animals and Poisonous Plants, North America, North of Mexico*. Peterson field guide series 46. Boston: Houghton Mifflin, 1994.

Haggard, Peter, and Judy Haggard. *Insects of the Pacific Northwest*. Timber Press field guide. Portland, OR: Timber Press, 2006.

Levi, Herbert Walter, Lorna Rose Levi, Herbert S. Zim, and Nicholas Strekalovsky. *Spiders and Their Kin*. New York: Golden Press, 1990.

O'Toole, Christopher. *Firefly Encyclopedia of Insects and Spiders*. Toronto: Firefly Books, 2002.

Resh, Vincent H., and Ring T. Cardé, eds. *Encyclopedia of Insects*. San Diego, CA: Elsevier Academic Press, 2009.

●医療文献

Goddard, Jerome. *Physician's Guide to Arthropods of Medical Importance*. Boca Raton, FL: CRC Press, 2007.

Lane, Richard P., and Roger Ward Crosskey. *Medical Insects and Arachnids.* London: Chapman & Hall, 1993.

Mullen, Gary R., and Lance A. Durden. *Medical and Veterinary Entomology.* Amsterdam: Academic Press, 2002.

◉害虫防除

Ellis, Barbara W., Fern Marshall Bradley, and Helen Atthowe. *The Organic Gardener's Handbook of Natural Insect and Disease Control: A Complete Problem-Solving Guide to Keeping Your Garden and Yard Healthy without Chemicals.* Emmaus, PA: Rodale Press, 1996.

Gillman, Jeff. *The Truth About Garden Remedies: What Works, What Doesn't, and Why.* Portland, OR: Timber Press, 2008.

Gillman, Jeff. *The Truth About Organic Gardening: Benefits, Drawbacks, and the Bottom Line.* Portland, OR: Timber Press, 2008.

◉参考资料

Alexander, John O'Donel. *Arthropods and Human Skin.* Berlin: Springer-Verlag, 1984.

Berenbaum, May R. *Bugs in the System: Insects and Their Impact on Human Affairs.* Reading, MA: Addison-Wesley, 1995.

Bondeson, Jan. *A Cabinet of Medical Curiosities.* Ithaca, NY: Cornell University Press, 1997.

Burgess, Jeremy, Michael Marten, and Rosemary Taylor. *Microcosmos.* Cambridge: Cambridge University Press, 1987.

Byrd, Jason H., and James L. Castner. *Forensic Entomology: The Utility of*

Arthropods in Legal Investigations. Boca Raton, FL: CRC Press, 2001.

Campbell, Christopher. *The Botanist and the Vintner: How Wine Was Saved for the World.* Chapel Hill, NC: Algonquin Books of Chapel Hill, 2005.

Carwardine, Mark. *Extreme Nature.* New York: Collins, 2005.

Chase, Marilyn. *The Barbary Plague: The Black Death in Victorian San Francisco.* New York: Random House, 2003.

Chinery, Michael. *Amazing Insects: Images of Fascinating Creatures.* Buffalo, NY: Firefly Books, 2008.

Cloudsley-Thompson, J. L. *Insects and History.* New York: St. Martin's Press, 1976.

Collinge, Sharon K., and Chris Ray. *Disease Ecology: Community Structure and Pathogen Dynamics.* Oxford: Oxford University Press, 2006.

Cowan, Frank. *Curious Facts in the History of Insects; Including Spiders and Scorpions: A Complete Collection of the Legends, Superstitions, Beliefs, and Ominous Signs Connected with Insects, Together with Their Uses in Medicine, Art, and as Food; and a Summary of Their Remarkable Injuries and Appearances.* Philadelphia: J. B. Lippincott, 1865.

Crosby, Molly Caldwell. *The American Plague: The Untold Story of Yellow Fever, the Epidemic That Shaped Our History.* New York: Berkley Books, 2006.

Crosskey, Roger Ward. *The Natural History of Blackflies.* Chichester, England: Wiley, 1990.

Eisner, Thomas. *For Love of Insects.* Cambridge, MA: Belknap Press of Harvard University Press, 2003.

Eisner, Thomas, Maria Eisner, and Melody Siegler. *Secret Weapons: Defenses of Insects, Spiders, Scorpions, and Other Many-Legged Creatures.* Cambridge, MA: Belknap Press of Harvard University Press, 2005.

Erzinclioglu, Zakaria. *Maggots, Murder, and Men: Memories and Reflections of a Forensic Entomologist.* New York: Thomas Dunne Books, 2000.

Evans, Arthur V. *What's Bugging You? A Fond Look at the Animals We Love to Hate.* Charlottesville: University of Virginia Press, 2008.

Evans, Howard Ensign. *Life on a Little-Known Planet.* New York: Dutton, 1968.

Friedman, Reuben. *The Emperor's Itch: The Legend Concerning Napoleon's Affliction with Scabies.* New York: Froben Press, 1940.

Gennard, Dorothy E. *Forensic Entomology: An Introduction.* Chichester, England: Wiley, 2007.

Glausiusz, Josie, and Volker Steger. *Buzz: The Intimate Bond between Humans and Insects.* San Francisco: Chronicle Books, 2004.

Goff, M. Lee. *A Fly for the Prosecution: How Insect Evidence Helps Solve Crimes.* Cambridge, MA: Harvard University Press, 2000.

Gordon, Richard. *An Alarming History of Famous and Difficult! Patients: Amusing Medical Anecdotes from Typhoid Mary to FDR.* New York: St. Martin's Press, 1997.

Gratz, Norman. *The Vector-and Rodent-Borne Diseases of Europe and North America: Their Distribution and Public Health Burden.* Cambridge: Cambridge University Press, 2006.

Gullan, P. J., and P. S. Cranston. *The Insects: An Outline of Entomology.* Malden, MA: Blackwell, 2005.

Hickin, Norman E. *Bookworms: The Insect Pests of Books.* London: Sheppard Press, 1985.

Hoeppli, Reinhard. *Parasitic Diseases in Africa and the Western Hemisphere: Early Documentation and Transmission by the Slave Trade.* Basel: Verlag fur Recht und Gesellschaft, 1969.

Holldobler, Bert, and Edward O. Wilson. *The Ants.* Cambridge, MA: Belknap Press of Harvard University Press, 1990.

Holldobler, Bert, and Edward O. Wilson. *The Superorganism: The Beauty, Elegance, and Strangeness of Insect Societies.* New York: W.W. Norton, 2009.

Howell, Michael, and Peter Ford. *The Beetle of Aphrodite and Other Medical Mysteries.* New York: Random House, 1985.

Hoyt, Erich, and Ted Schultz. *Insect Lives: Stories of Mystery and Romance from a Hidden World.* Cambridge, MA: Harvard University Press, 2002.

Jones, David E. *Poison Arrows: North American Indian Hunting and Warfare.* Austin: University of Texas Press, 2007.

Kelly, John. *The Great Mortality: An Intimate History of the Black Death, the Most Devastating Plague of All Time.* New York: HarperCollins, 2005.

Lockwood, Jeffrey Alan. *Locust: The Devastating Rise and Mysterious Disappearance of the Insect That Shaped the American Frontier.* New York: Basic Books, 2004.

Lockwood, Jeffrey Alan. *Six-Legged Soldiers: Using Insects as Weapons of War.* Oxford: Oxford University Press, 2009.

Marks, Isaac Meyer. *Fears and Phobias.* Personality and psychopathology 5. New York: Academic Press, 1969.

Marley, Christopher. *Pheromone: The Insect Artwork of Christopher Marley.* San Francisco: Pomegranate, 2008.

Mayor, Adrienne. *Greek Fire, Poison Arrows, and Scorpion Bombs: Biological and Chemical Warfare in the Ancient World.* Woodstock, NY: Overlook Duckworth, 2003.

Mertz, Leslie A. *Extreme Bugs.* New York: Collins, 2007.

Mingo, Jack, Erin Barrett, and Lucy Autrey Wilson. *Cause of Death: A Perfect*

Little Guide to What Kills Us. New York: Pocket Books, 2008.

Murray, Polly. *The Widening Circle: A Lyme Disease Pioneer Tells Her Story.* New York: St. Martin's Press, 1996.

Myers, Kathleen Ann, and Nina M. Scott. *Fernandez de Oviedo's Chronicle of America: A New History for a New World.* Austin: University of Texas Press, 2008.

Nagami, Pamela. *Bitten: True Medical Stories of Bites and Stings.* New York: St. Martin's Press, 2004.

Naskrecki, Piotr. *The Smaller Majority: The Hidden World of the Animals That Dominate the Tropics.* Cambridge, MA: Belknap Press of Harvard University Press, 2005.

Neuwinger, Hans Dieter. *African Ethnobotany: Poisons and Drugs: Chemistry, Pharmacology, Toxicology.* London: Chapman & Hall, 1996.

O'Toole, Christopher. *Alien Empire: An Exploration of the Lives of Insects.* New York: HarperCollins, 1995.

Preston-Mafham, Ken, and Rod Preston-Mafham. *The Natural World of Bugs and Insects.* San Diego, CA: Thunder Bay, 2001.

Resh, Vincent H., and Ring T. Carde. *Encyclopedia of Insects.* Amsterdam: Academic Press, 2003.

Riley, Charles V. *The Locust Plague in the United States: Being More Particularly a Treatise on the Rocky Mountain Locust or So-Called Grasshopper, as It Occurs East of the Rocky Mountains, with Practical Recommendations for Its Destruction.* Chicago: Rand, McNally, 1877.

Rosen, William. *Justinia's Flea: The First Great Plague, and the End of the Roman Empire.* New York: Penguin Books, 2008.

Rule, Ann. *Empty Promises and Other True Cases.* New York: Pocket Books, 2001.

Schaeffer, Neil. *The Marquis de Sade: A Life.* New York: Knopf, 1999.

Talty, Stephan. *The Illustrious Dead: The Terrifying Story of How Typhus Killed Napoleon's Greatest Army.* New York: Crown, 2009.

Ventura, Varla. *The Book of the Bizarre: Freaky Facts and Strange Stories.* York Beach, ME: Red Wheel/Weiser, 2008.

Wade, Nicholas. *The New York Times Book of Insects.* Guilford, CT: Lyons Press, 2003.

Waldbauer, Gilbert. *Insights from Insects: What Bad Bugs Can Teach Us.* Amherst, NY: Prometheus Books, 2005.

Walters, Martin. *The Illustrated World Encyclopedia of Insects: A Natural History and Identification Guide to Beetles, Flies, Bees, Wasps, Mayflies, Dragonflies, Cockroaches, Mantids, Earwigs, Ants and Many More.* London: Lorenz, 2008.

Weiss, Harry B., and Ralph Herbert Carruthers. *Insect Enemies of Books.* New York: The New York Public Library, 1937.

Williams, Greer. *The Plague Killers.* New York: Charles Scribner's Sons, 1969.

Zinsser, Hans. *Rats, Lice, and History.* London: Penguin, 2000.

著者
エイミー・スチュワート
Amy Stewart

ニューヨークタイムズ紙やワシントンポスト紙をはじめとする数々の新聞・雑誌におもに園芸・自然に関するコラムを寄稿。ガーデニング誌の編集も手がける。これまでに5冊の本を出版しており、そのうち『邪悪な植物』、『邪悪な虫』(本書)、『Flower Confidential』(未邦訳)は、ニューヨークタイムズ・ベストセラーに選ばれている。その他の邦訳書に、『ミミズの話——人類にとっての重要な生きもの』(今西康子訳、飛鳥新社)、『人はなぜ、こんなにも庭仕事で幸せになれるのか——初めての庭の物語』(J・ユンカーマン、松本薫訳、主婦と生活社)がある。現在カリフォルニア州在住。

監訳者
山形浩生(やまがた・ひろお)
Hiroo Yamagata

1964年生まれ。東京大学都市工学科修士課程およびマサチューセッツ工科大学不動産センター修士課程修了。大手調査会社に勤務のかたわら、幅広い分野で翻訳、執筆活動をおこなう。主な著書に『たかがバロウズ本』(大村書店)『新教養主義宣言』(河出文庫)など。主な訳書に、『その数学が戦略を決める』(文春文庫)、『貧乏人の経済学』(みすず書房)など多数。

訳者
守岡 桜(もりおか・さくら)
Sakura Morioka

京都生まれ。山形浩生との共訳書に『Free Culture』(翔泳社)、『数学で犯罪を解決する』(ダイヤモンド社)、『「意識」を語る』(NTT出版)、『毛沢東——ある人生』(上・下巻、白水社)などがある。

邪悪な虫
ナポレオンの部隊壊滅！虫たちの悪魔的犯行

2012年10月10日　初版第1刷発行

著者	エイミー・スチュワート
監訳者	山形浩生
訳者	守岡 桜
装幀	漆原悠一（tento）
編集担当	大槻美和（朝日出版社第二編集部）

発行者　原　雅久
発行所　株式会社 朝日出版社
〒101-0065 東京都千代田区西神田3-3-5
電話 03-3263-3321／ファックス 03-5226-9599
http://www.asahipress.com/

印刷・製本　図書印刷株式会社

©Amy Stewart, YAMAGATA Hiroo, MORIOKA Sakura 2012 Printed in Japan
ISBN978-4-255-00662-8 C0098

乱丁・落丁の本がございましたら小社宛にお送りください。送料小社負担でお取り替えいたします。
本書の全部または一部を無断で複写複製（コピー）することは、著作権法上での例外を除き、禁じられています。